たった 1日で 基本が 身に付く！

Ruby on Rails

超入門

WINGSプロジェクト

竹馬 力 [著] ／ **山田 祥寛** [監修]
Tsutomu Chikuba / Yoshihiro Yamada

技術評論社

はじめに

　Ruby on Rails（単にRailsとも呼ばれます）は、2004年にデンマークのデイヴィッド・ハイネマイヤー・ハンソン（通称DHH）がオープンソースソフトウェア（OSS）として世界中の誰もが無償で利用可能にしたRuby製のwebフレームワークです。公開以来、その他のwebフレームワークに多くの影響を与えており、公開から約14年が経った現在でもさまざまなwebアプリの開発に利用され続けています。

　何らかのwebアプリを開発したい！と思い立った場合、もっとも手軽にwebアプリを開発することができるのがRailsであると言っても言い過ぎではないほど、webアプリ開発に必要な機能が備わっているのがRailsの特徴と言えます。

　また、Railsを一度一通り触れるようになれば、少なからずRailsの影響を受けているその他のwebフレームワークを触ることにも、比較的スムーズに慣れることができるでしょう。更に、Railsでwebアプリ本体の動作を実装するためにプログラミング言語Rubyを使用するため、プログラムの書きやすさや読みやすさなどは、Rubyの恩恵を受けることができます。

　これらのことからRailsは、webフレームワークの登竜門として最適と言えます。

　このような位置付けを考慮し、本書は、プログラミング初心者の方であってもRailsで簡単なwebアプリを開発することができるよう構成、執筆しました。本書では、Railsの基本的な仕組みや機能を確認し、書籍全体を通じて、webアプリ開発に必要な最低限の周辺知識も踏まえて解説しながら、日記アプリを開発していきます。

　CHAPTER 1では、Railsとは何かを確認するとともに、Railsでwebアプリを開発するにあたり必要なソフトウェアをインストールする手順について解説しています。使用するエディターはWindowsでもMacでも使用可能なVisual Studio Codeを採用しました。

　CHAPTER 2では、まずRailsアプリを新規作成する手順を確認します。その後、コントローラーを作成し、ルーティング情報を設定して、webアプリにアクセスするまでの手順を解説します。

　CHAPTER 3では、コントローラーからビューを生成する部分を分離する手順を確認します。また、レイアウトの仕組みを用いてページで共通のデザインを適用します。この過程の中で、ビューが持つ機能の基本を体験的に学ぶことができます。

CHAPTER 4 では、Railsのモデルを触れる前段階で必要なデータベースについて、基本的な知識や概念などを確認します。後半では実際にさまざまなSQLを実行して、具体的にデータベースを直接操作します。

CHAPTER 5 では、データベースを操作するモデルの役割について確認するとともに、具体的にモデルを作成してテストデータを準備したり、モデルからデータにアクセスしたりする方法を解説します。この**CHAPTER**を通じて、モデル経由でデータベースを操作するメリットを体感することができます。

CHAPTER 6 では、本書の目的である簡単なwebアプリを開発する具体的なアプリとして、日記アプリの作成に着手します。Railsが提供するScaffold（コードの自動生成機能）を用いて日記アプリのひな型を作成し、あらかじめ用意したテストデータを表示する仕組みを解説します。また、表示部分を修正する手順を体験し、理解を深めます。

CHAPTER 7 では、日記データの登録や更新、削除の操作を実際にwebアプリ上で行い、Scaffoldで作成された機能をそれぞれ確認し解説します。解説を追う中で、Railsアプリ上ではどのような仕組みでデータ操作を実現しているのか理解を深めます。

CHAPTER 8 では、**CHAPTER 5** で作成したモデルに検証ルールを実装します。検証ルールの実装や検証エラーが発生した場合の動き／実装を確認しながら、Railsの入力フォームについて理解を深めます。

Railsは「全部入り」のwebフレームワークとよく言われます。webアプリ開発のために必要なものが全て備わっているからですが、その分、前提とする知識が多い側面もあります。webアプリ初心者の方がいきなり公式のチュートリアルをやろうとして挫折したという話も聞くことがあります。

本書では、その点を踏まえて初心者の方にわかりやすいように解説するポイントを絞りつつ、要所を抑えて体験的に手順を追っていける構成としています。

一方で、より実践的なwebアプリを開発する場面では、本書で解説している事項では事足りないでしょう。その場合は是非その他の書籍や公式HPなどにあたり、知識の幅を増やしてください。

「webアプリ開発はやったことがないがアイディアはある」「Railsチュートリアルに取り組もうとしたけど難しすぎて挫折した」などの方々にとって、本書がはじめの一歩となれば幸いです。

竹馬　力

サンプルプログラムの利用方法

　本書での学習は、環境構築を行う **CHAPTER 1** とデータベースの基本を確認する **CHAPTER 4** を除いて、その他の**CHAPTER**（章）では、共通して1つの Rails アプリの中にプログラムを作成していく形で進んでいきます。作成するサンプルプログラムは手順を省略せずに掲載していますので、紙面の手順通りにコマンド実行、プログラム入力を行えば動作します。

　そのため、サポートサイトで提供しているサンプルプログラムをダウンロードしなくても、CHAPTERの順番ごとに手順を追っていけば全て問題なく学習することが可能です。

　ただし、自分で作成したサンプルが動作しないなどで、正しく動作するサンプルプログラムの内容を確認しながら学習したい場合、すでに学習済のCHAPTERの復習を行いたい場合、途中からあるCHAPTERを取り組みたい場合など、必要に応じて下記のサンプルプログラムをダウンロードし、ご活用ください。

■ ダウンロードしたファイルを解凍する

　本書で使用しているサンプルプログラムは、以下のサポートページよりダウンロードできます。

> **サポートサイト** http://gihyo.jp/book/2018/978-4-7741-9618-3/support

　ダウンロードしたファイル「samples.zip」はZIP形式で圧縮されています。ファイルを解凍すると「samples」フォルダーが作成され、その中に「chapXX」（XXは章番号）というCHAPTERごとのフォルダーが表示されます。各CHAPTERで使用しているサンプルプログラムは、CHAPTERごとのフォルダー内に収録されています。

■ サンプルプログラムの Rails アプリを読み込む

　上記の「chapXX」形式のフォルダーは、それぞれが Rails アプリとなっています。ここでは、本書で採用しているエディターの Visual Studio Code で既存の Rails アプリを開いて利用する方法を紹介します。

1　フォルダーを開く
Visual Studio Codeの［ファイル］メニューから［フォルダーを開く］をクリックするとフォルダー選択画面が表示されます。

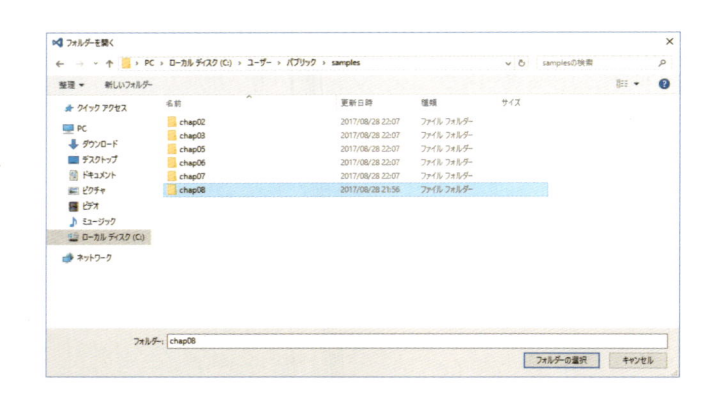

2 フォルダーを選択する

解凍した「samples」フォルダーの中から学習したいCHAPTERのフォルダーを選択して［フォルダーの選択］をクリックするとRailsアプリのファイルが表示されます。

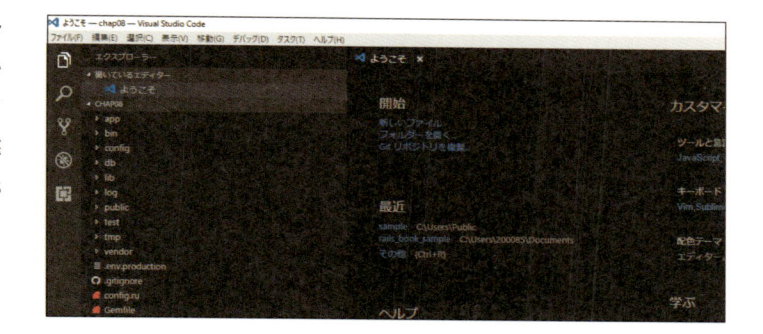

3 サンプルプログラムのソースコードを開く

左側にあるエクスプローラーから確認したいサンプルプログラムの場所までクリックして辿り、対象のファイルをクリックするとソースコードが表示されます。

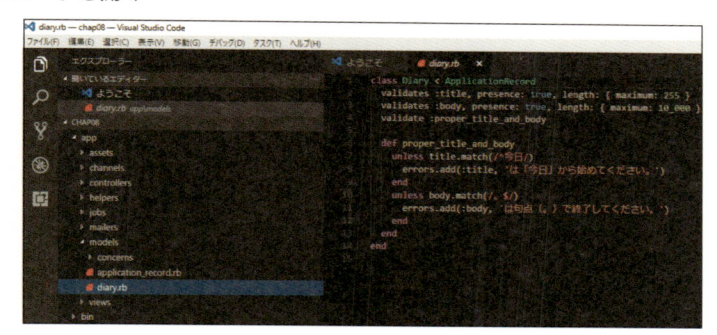

　なお、Visual Studio Codeでは左側のエクスプローラーで表示されるフォルダーは1つです。RailsアプリをCHAPTERごとに切り替える場合、同様の手順で切り替えてください。

　開いたフォルダーを閉じる場合は、［ファイル］メニューから［フォルダーを閉じる］をクリックします。すると、左側にあったエクスプローラー表示がなくなります。

■ CHAPTER 4のサンプル

　データベースの基本を確認する **CHAPTER 4** では、予めデータが格納されたテーブルが存在するデータベースファイルと、CHAPTER 4で実行するSQL文をまとめたファイルの2つを用意しています。

　「samples」フォルダー内の「chap04」フォルダーには、「sandbox.sqlite」という予めデータが格納されたテーブルが存在するデータベースファイルと、「sql.txt」という CHAPTER 4で実行する SQL文をまとめたファイルがあります。読み進める際の参考にしてください。

CONTENTS

CHAPTER 7 日記アプリの作成（登録編）

CHAPTER 8 検証機能の実装

■ **本書をお読みになる前に**

- 本書に記載された内容は、情報の提供のみを目的としています。したがって、本書を用いた運用は、必ずお客様自身の責任と判断によって行ってください。これらの情報の運用の結果について、技術評論社および著者はいかなる責任も負いません。
- 本書記載の情報は、2018年2月現在のものを記載していますので、ご利用時には、変更されている場合もあります。ソフトウェアに関する記述は、特に断りのないかぎり、2018年2月現在での最新バージョンをもとにしています。ソフトウェアはバージョンアップされる場合があり、本書での説明とは機能内容や画面図などが異なってしまうこともあり得ます。本書ご購入の前に、必ずバージョン番号をご確認ください。
- 本書の内容およびサンプルダウンロードに収録されている内容は、次の環境にて動作確認を行っています。

  Windows 10 Pro

  Ruby 2.4.1

  Ruby on Rails 5.1.2

  上記以外の環境をお使いの場合、操作方法、画面図、プログラムの動作などが本書内の表記と異なる場合があります。あらかじめご了承ください。

  以上の注意事項をご承諾いただいた上で、本書をご利用ください。

イントロダクション

Ruby on Rails について知ろう

Ruby on Rails は世界的に広く利用されている web アプリケーション・フレームワークです。まずは、web アプリケーション・フレームワークとは何か、Ruby on Rails の特徴などを理解しましょう。

◎ web アプリケーション・フレームワーク

web アプリケーション（アプリ）とは、ブラウザなどのクライアントからの要求（リクエスト）に応じて、web サーバーが応答（レスポンス）を生成して返す仕組みのことです。web サーバーは、ネットワーク上のどこかに待機して、四六時中、クライアントからの要求を待ち受けているわけです。

web アプリの例としては、ブログや SNS、EC サイトなどがあります。

図 1-1 ▶ web アプリケーション

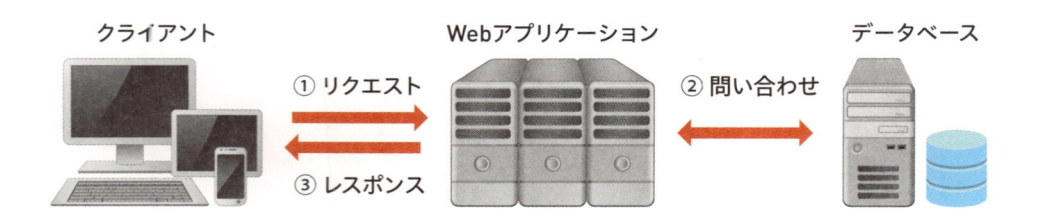

簡易的な掲示板などから始まった web アプリですが、ブラウザの進化や通信環境の発展などにより、web アプリで実現できることは日に日に増しています。それに伴い、web アプリの複雑さも増しています。

より複雑になっていく web アプリの開発を効率化するために生まれたのが、web アプリケーション・フレームワークです。単にフレームワークと呼ぶこともあります。フレームワークには、リクエストを受け取るための仕組みや web アプリ経由でデーターベースに接続するための仕組み、処理の結果をレ

スポンスとして応答する仕組みなどがあらかじめ備わっており、複雑な web アプリを効率的に開発することができます。

図 1-2 **web** アプリケーション・フレームワーク

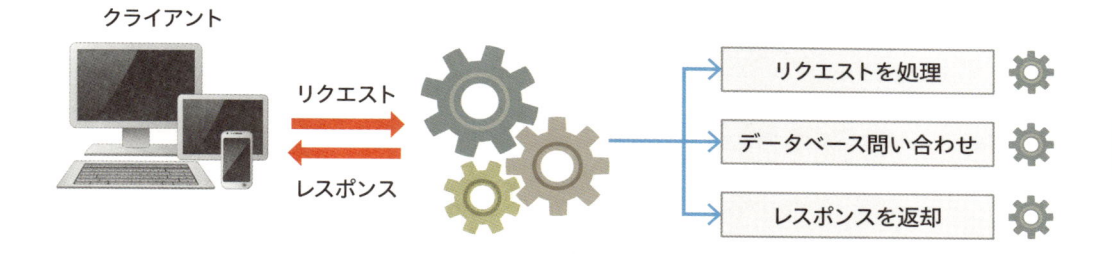

クライアント

リクエスト

レスポンス

リクエストを処理

データベース問い合わせ

レスポンスを返却

　また、現在ほとんどのフレームワークがオープンソースソフトウェア（OSS）として世界中のプログラマーによって開発され、無償で利用できます。**OSS** はソースコードが開示されているため、たくさんのプログラマーの目にさらされ、日々進化しており、品質も高く保たれています。

◎ **Ruby on Rails** の特徴

　Ruby on Rails（省略してRails、RoRとも呼ばれます）は、プログラミング言語Rubyで記述されたフレームワークで、デンマークのプログラマーであるデイヴィッド・ハイネマイヤー・ハンソン（通称DHH）によって2004年にOSSとして公開されました。その後、現在に至るまで世界中のプログラマーによって開発が進められ、記事執筆時点（2017年7月）でRailsの最新バージョンは5.1です。
　Railsの主な特徴は、次の3つです。

- MVC アーキテクチャ
- 同じことを繰り返さない
- 設定より規約

COLUMN ｜ プログラミング言語Ruby

　Railsのソースコードが記述されている**プログラミング言語Ruby**は、日本人である**まつもとゆきひろ氏（愛称：Matz）**により1995年に開発され、OSSとして公開されました。現在は、多くの開発者が関わり活発にバージョンアップを繰り返しています。
　Rubyの特徴は、構文にさまざまな工夫が凝らされており、プログラマが書いて楽しい言語であることです。

◉ MVCアーキテクチャ

MVCとはモデル（Model）、ビュー（View）、コントローラー（Controller）の頭文字をとった略語です。**MVCアーキテクチャ**とは、webアプリ上でデータを取得し計算などの処理を行う層であるモデル、クライアントのブラウザに表示する層であるビュー、リクエストやレスポンスを制御する層であるコントローラーの3つの役割に分けるという考え方です。

このように役割を分けることによって、ユーザーインターフェース（UI）とデータ処理を切り分けることができ、webアプリを構成するプログラム全体の見通しが良くなるメリットがあります。

図 1-3 ▶ MVCアーキテクチャ

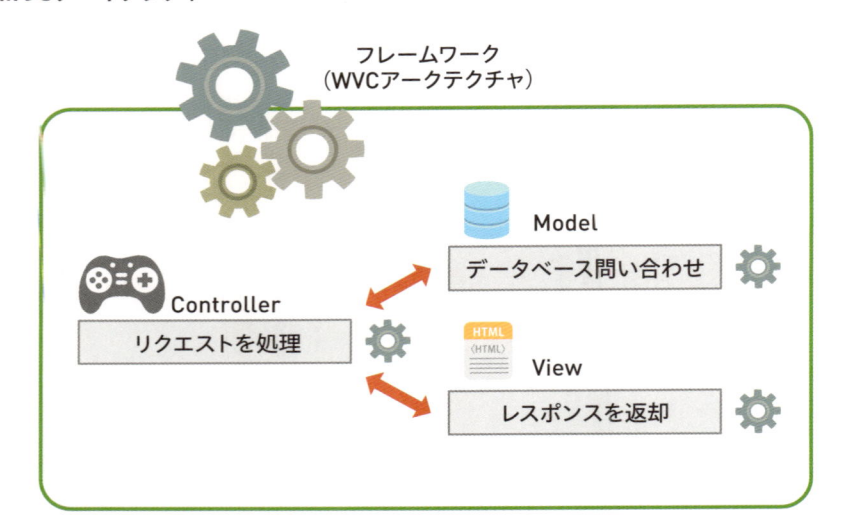

現在、Ruby on Railsだけでなく、たくさんのフレームワークでMVCアーキテクチャが採用されています。

◉ 同じことを繰り返さない

「同じことを繰り返さない」は、英語で**「DRY（Don't Repeat Yourself）」**と呼ばれるRailsの設計思想の1つです。具体的には、設定などの作業はできるだけ1度で済むようになっていたり、同じようなコードをたくさん書かずに済むようになっています。

たとえば、データベースにデータの入れ物であるテーブルを定義すると、Railsが自動的にテーブルの構造を読み取ってくれます。あらかじめテーブルの構造をRailsアプリ側で再定義する手間はありません。

◉ 設定より規約

「設定より規約」は、英語で「**CoC（Convention over Configuration）**」と呼ばれ、DRYと並んでRailsの設計思想として知られています。具体的には、さまざまな規約を設けることで細かい設定を記述する手間がかからないようになっています。

たとえば、データベースでusersという名前のテーブルのデータをRailsアプリで取り扱う場合には、Userという名前のモデルクラスを使用します。複数形のusersがテーブル名、先頭大文字で単数形のUserがモデルクラス名というルールに従うことで、それぞれを紐付けるための設定ファイルを改めて用意する必要はありません。

COLUMN	Ruby／Railsの違い

プログラミングやwebアプリ開発を1度も経験したことのない方の中には、「Rubyを使えばwebアプリを開発することができるようになる」「Railsを使えばプログラミングができるようになる」というちょっとした誤解をしている方もいるかもしれません。

これまで確認したとおり、Rubyはプログラミング言語の1つで、Rubyを覚えたからといってすぐさま思い通りのwebアプリを開発できるようになる訳ではありません。Rubyを使ってwebアプリを開発するためには、Railsの使い方を知る必要があります。

また同様に、RailsはRubyで記述されたフレームワークで、「Rails」というプログラミング言語がある訳ではありません。Railsを使ってwebアプリを開発するためにはプログラミング言語Rubyを使用するため、まず前提としてRubyの基本的な文法を最低限知っておく必要があります。

Railsアプリ開発に必要なソフトウェア

Railsアプリ開発を行うためには、コンピューターにRubyをインストールする必要があります。その他にも、Railsによるプログラミングを行うために必要な各種ソフトウェアについて解説します。

◎ Railsアプリ開発のために用意するもの

◎ プログラムを記述するためのテキストエディター

Railsアプリを開発する場合、Rubyプログラムを記述する必要があります。Rubyは**スクリプト言語**なので、記述したプログラムはテキストファイルとして保存します。OSに標準でインストールされているメモ帳などのテキストエディターを使うこともできますが、より効率的にRailsアプリを開発するためには、プログラムを記述する用途に特化したテキストエディターを使うのが好ましいでしょう。

本書では、WindowsでもMacでも利用可能な**Visual Studio Code（VS Code）**を使用します。

◎ プログラミング言語Ruby

Ruby on Railsはその名のとおり、Ruby製のフレームワークです。フレームワークのプログラムもRubyで記述されており、RailsアプリのプログラムもRubyで記述します。

本書では、Windows上でRubyをインストールする方法を紹介します。

◎ データベース

Railsでは、データを参照したり保存したりする際に**データベース**を使用します。データベースとは、クライアント側のリクエストに応じて出力されるデータの保存先といえます。データベースを利用することで、データを効率的に保存すると共に、大量のデータを高速に検索できます。

Rails で使えるデータベースには SQLite、PostgreSQL、MySQL などいくつか種類がありますが、本書では、Windows 上で SQLite をインストールする方法を紹介します。

● Rails 本体のプログラム

Rails 本体のプログラムは **RubyGems** として提供されています。RubyGems とは、Ruby 製プログラムのまとまり（**ライブラリ**）とその提供の仕組みのことです。

本書では、Windows 上で Rails をインストールする方法を紹介します。

COLUMN　　　**Rails を構成する代表的な RubyGems**

Rails は 1 つの RubyGems として提供されていますが、実際にはたくさんの RubyGems の集まりです。ここでは Rails を構成する代表的な RubyGems を紹介しておきます。

RugyGems	機能	機能に対応する CHAPTER
actionpack	リクエストを振り分ける（ルーティング）	CHAPTER2
actionview	リクエストの処理結果を web ページにまとめる	CHAPTER3
activerecord	Ruby でデータベースを操作する	CHAPTER5
activesupport	Ruby の機能を拡張する	付録
railties	Scaffold など Rails に必要なライブラリ	CHAPTER6
sprockets-rails	スタイルシートや JavaScript を 1 つにまとめる	CHAPTER3

SECTION
......
03

VS Codeを
インストールしよう

> Railsアプリ開発に必要なテキストエディターである**VS Code**を**Windows**上でインストールする
> 手順を解説します。

◎ Windows版VS Codeをダウンロードする

　VS Codeのホームページ（https://code.visualstudio.com/）にアクセスし、［Download for Windows］
ボタンをクリックしVS Codeのインストーラーを保存します。

図**1-4** **Visual Studio Code公式ホームページ**

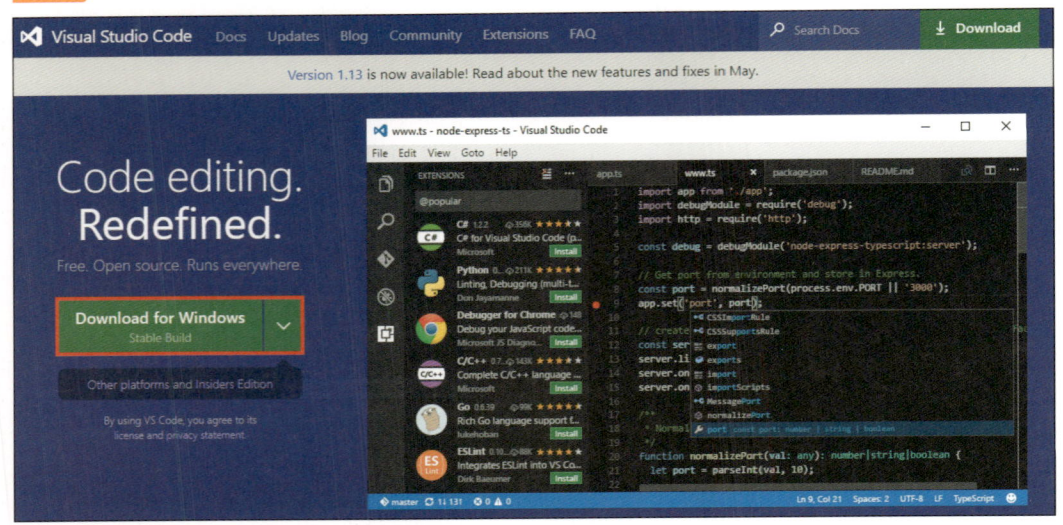

◎ インストーラーを実行する

　保存したインストーラーをダブルクリックして実行します。［ユーザーアカウント制御］ダイアログ

が表示されるので、[はい]ボタンをクリックします。セットアップウィザードが開始するので、[次へ]ボタンをクリックし、図のようにデフォルトでインストーラーを進めます。

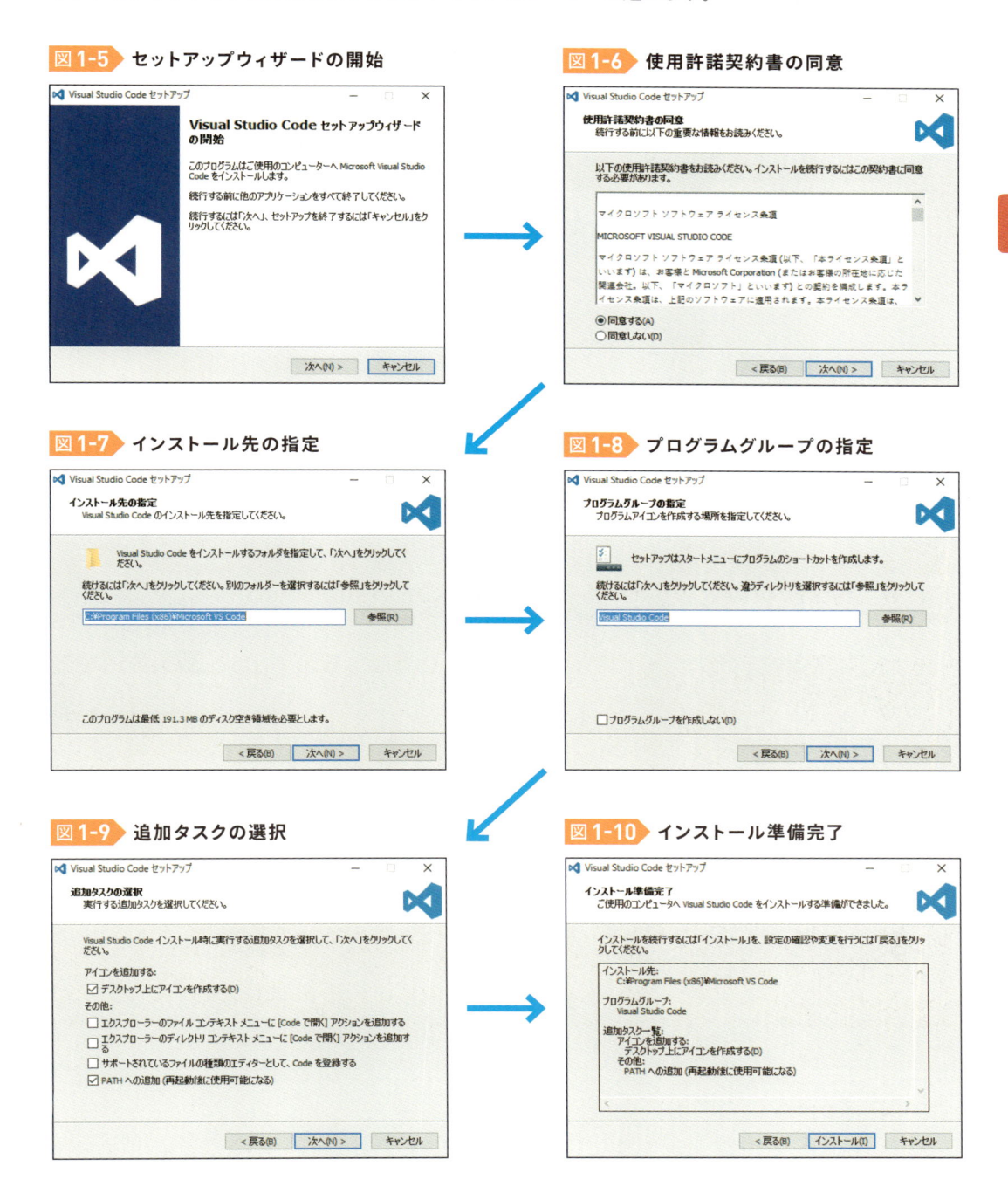

図 1-5 セットアップウィザードの開始

図 1-6 使用許諾契約書の同意

図 1-7 インストール先の指定

図 1-8 プログラムグループの指定

図 1-9 追加タスクの選択

図 1-10 インストール準備完了

図 1-11 インストール状況

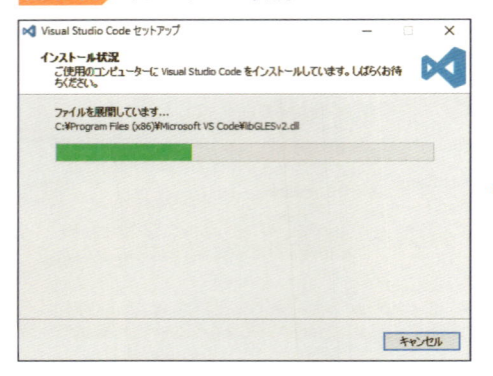

図 1-12 セットアップウィザードの完了

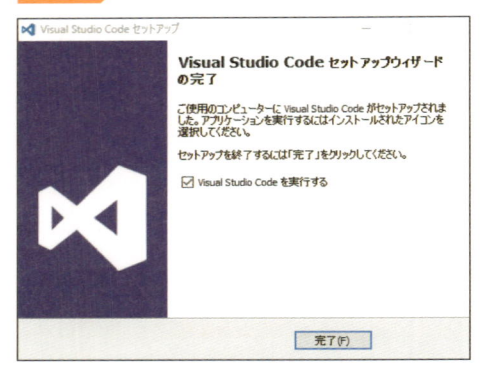

セットアップウィザードが完了すると VS Code が起動します。

図 1-13 VS Code 起動後の画面

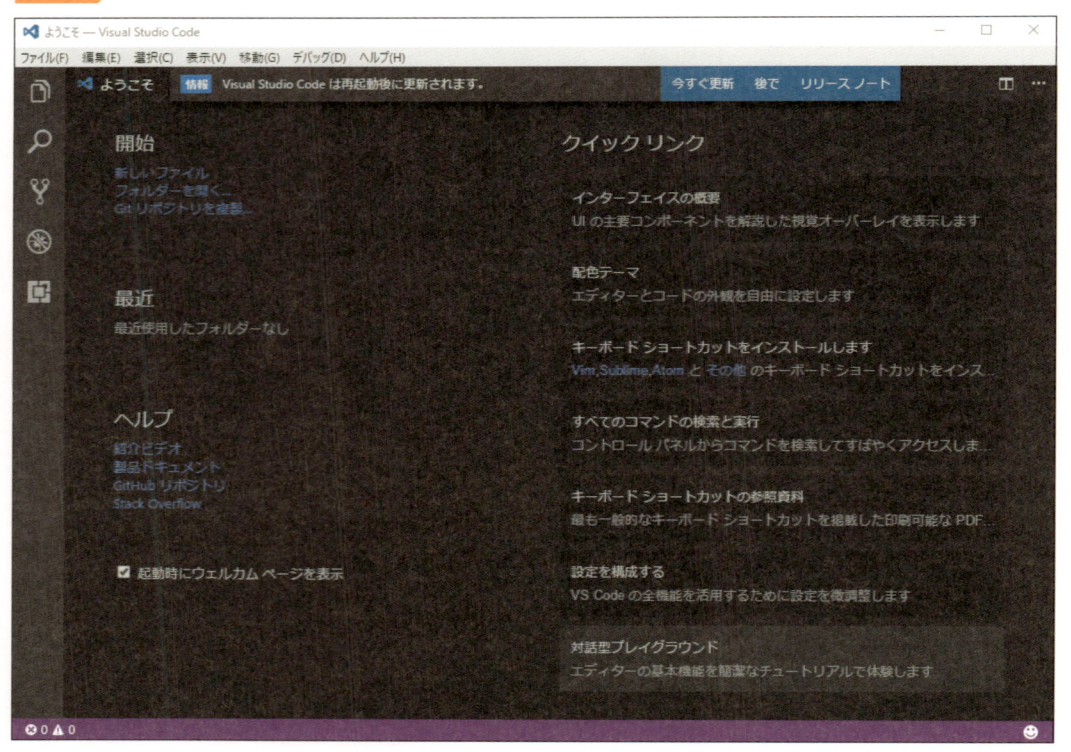

Rubyをインストールしよう

Railsアプリ開発に必要なプログラミング言語である**Ruby**を、**Windows**上でインストールする手順を解説します。

◎ RubyInstallerをダウンロードする

　WindowsにRubyをインストールするにはRubyInstallerを使用します。RubyInstallerのホームページ（https://rubyinstaller.org/）にアクセスし、［Download］ボタンをクリックします。

図 1-14 RubyInstaller ホームページ

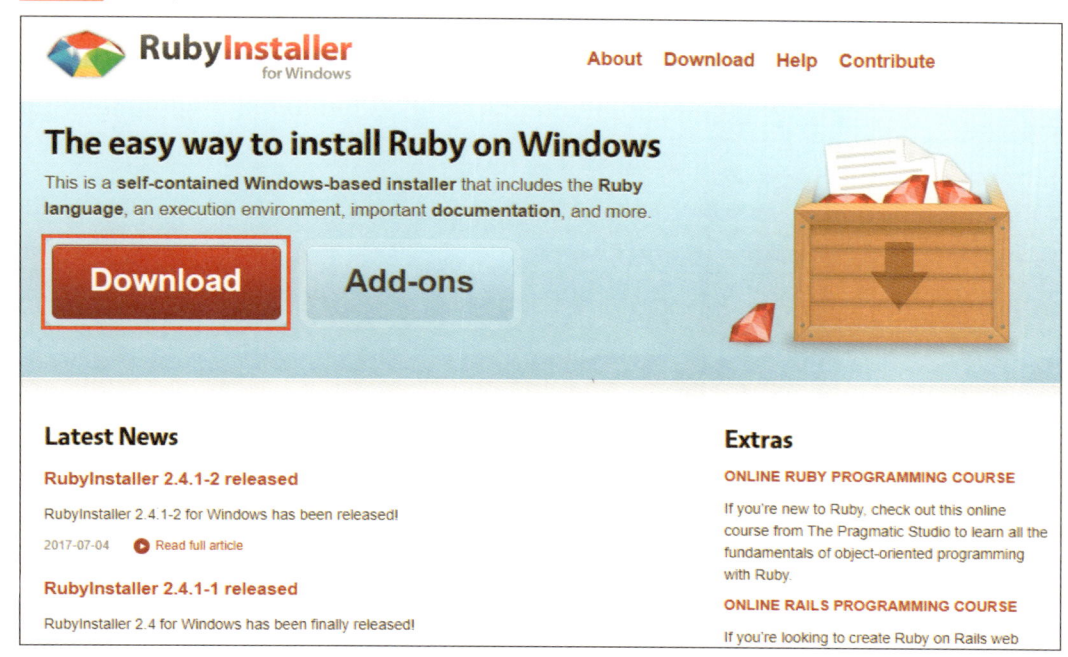

ダウンロードページでRubyInstallersから最新のインストーラーを選択してダウンロードします。なお、x64とx86とあるのはPCのCPUのビット数のことで、x64が64ビット、x86が32ビットを指します。自分が使っている環境に合わせてダウンロードするインストーラーを選択してください。本書ではx64（64ビット）用のインストーラーを使用します。ここでは執筆時点で最新の［Ruby 2.4.1-2 (x64)］リンクをクリックしてRubyInstallerを保存します。

図 1-15　RubyInstaller ダウンロードページ

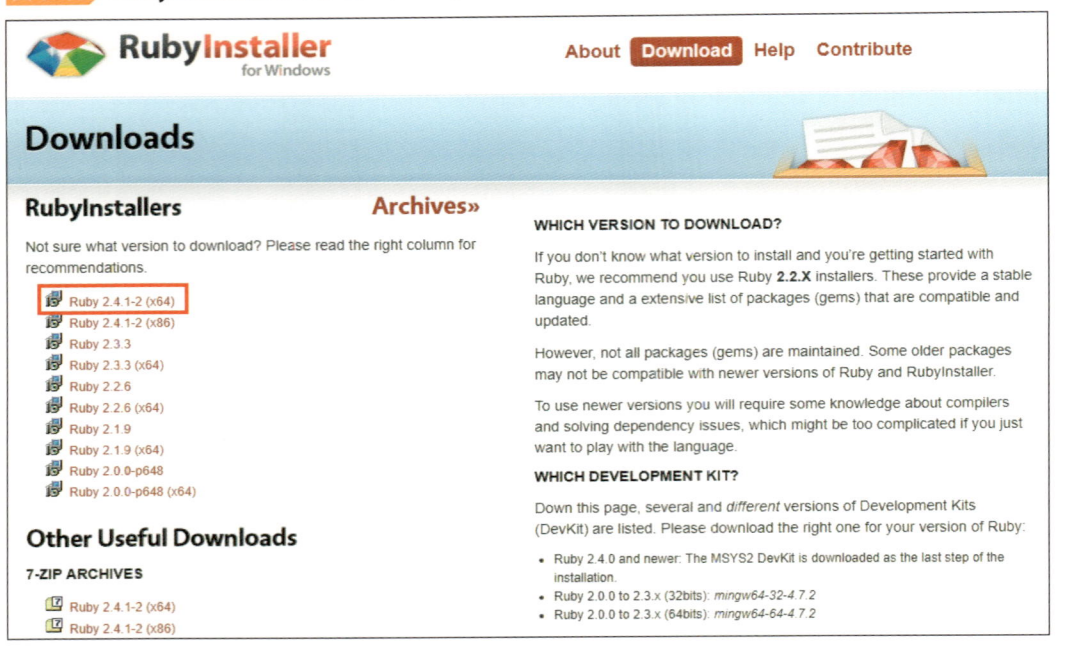

◎ RubyInstaller を実行する

　保存したRubyInstallerをダブルクリックして実行してインストールを開始します。［ライセンスの同意］ダイアログが表示されますので、「I accept the License」を選択し、［Next］ボタンをクリックし、図のようにデフォルトでインストールを進めます。

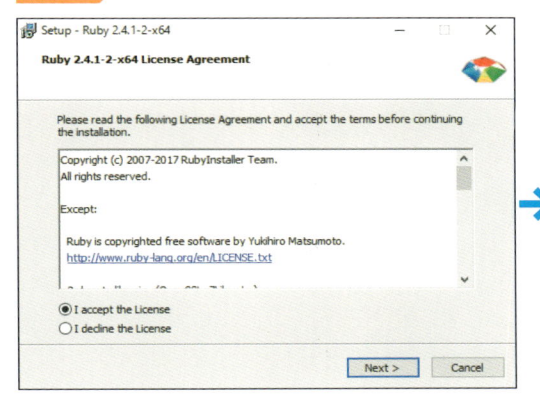

図 **1-16** ライセンスの同意

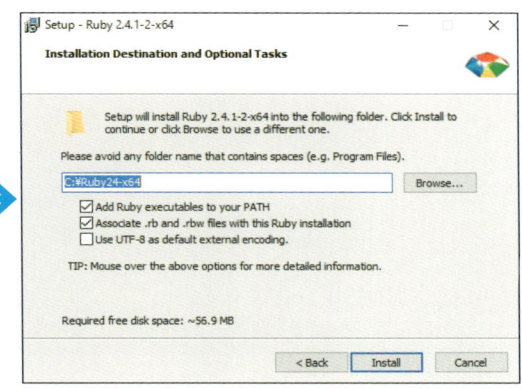

図 **1-17** インストール場所の指定

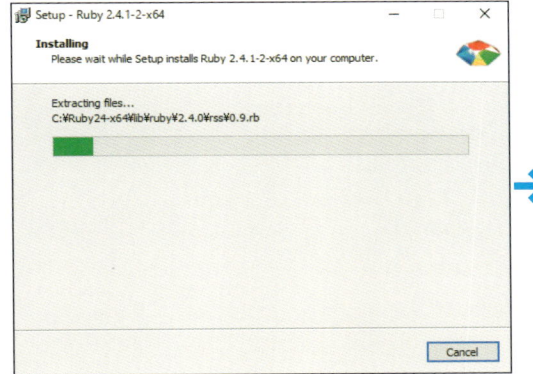

図 **1-18** インストール中

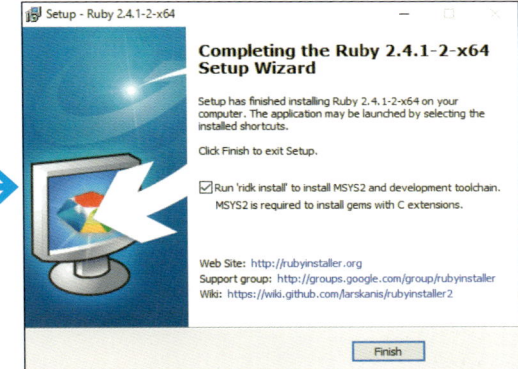

図 **1-19** セットアップウィザードの完了

◎ MSYS2をインストールする

　RubyInstallerセットアップウィザードを終了すると、コマンドプロンプトが起動します。コマンドプロンプトとは、Windows上であらかじめ用意された様々なコマンド（命令文）を実行するツールです。

　RubyInstallerでは、Rubyを動作させるのにMSYS2というコマンドプロンプトに似たツールが必要で、MSYS2をインストールするか確認されます。半角で「1,2,3」と入力しEnterキーを押します。

図 1-20 ▶ コマンドプロンプトの起動

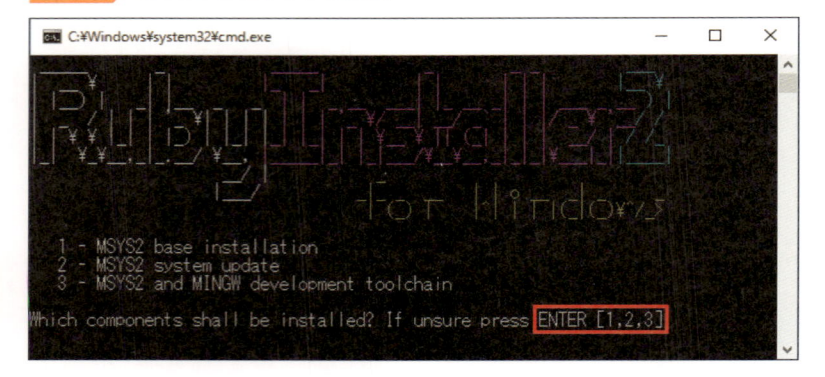

MSYS2のインストールセットアップウィザードが開始しますので、図のようにデフォルトでインストールを進めます。

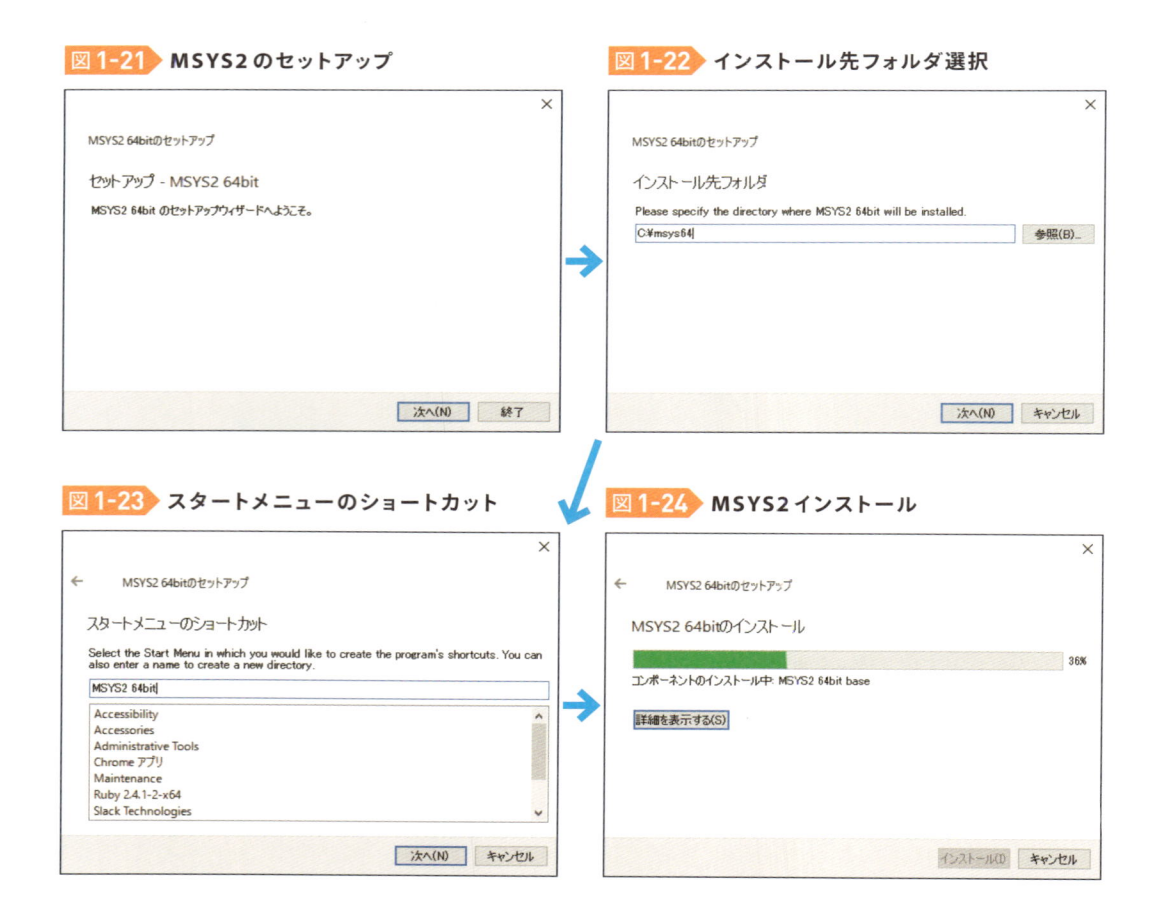

図 1-21 ▶ MSYS2 のセットアップ

図 1-22 ▶ インストール先フォルダ選択

図 1-23 ▶ スタートメニューのショートカット

図 1-24 ▶ MSYS2 インストール

図 1-25 ▶ MSYS2 ウィザード完了

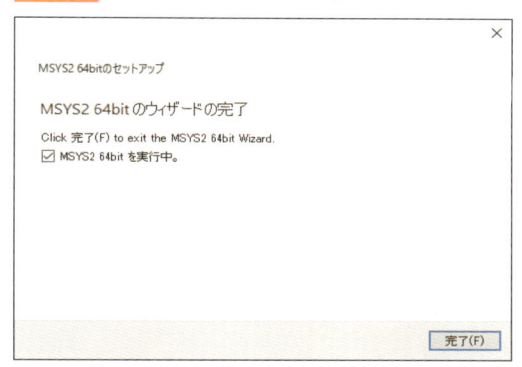

この時点でMSYS2が起動しますが、こちらは不要なので閉じてください。元のコマンドプロンプト
に戻ると付随するインストールが引き続き行われていますので数分待ちます。

すべてが終了すると最初のMSYS2インストールのメニューに戻ります。Enterキーを押すとコマン
ドプロンプトが終了します。

図 1-26 ▶ MSYS2 関連のインストール完了

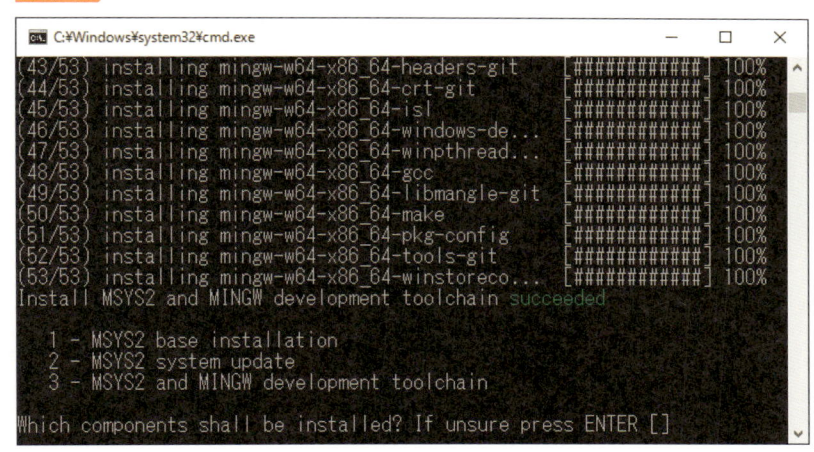

これでRubyのインストールが完了しました。

◎ Ruby用のコマンドプロンプトを起動する

　RubyInstallerによってインストールされたRubyは専用のコマンドプロンプト上で実行することができます。Ruby用のコマンドプロンプトは「Start Command Prompt with Ruby」という名前のアプリとしてインストール済です。スタートメニューから該当のプログラムを検索して起動します。

図1-27 Ruby用コマンドプロンプト

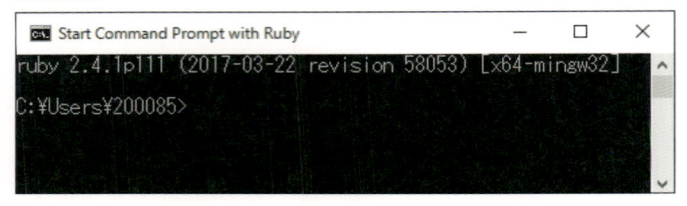

　インストールされたRubyのバージョンを確認します。半角でruby -vと入力しEnterキーを押します。インストールされたRubyのバージョンが表示されます。

図1-28 Rubyバージョンの確認

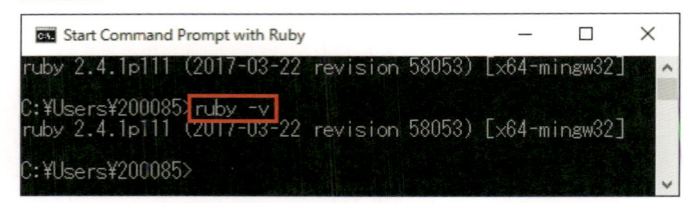

SQLiteをインストールしよう

次は、**SQLite**データベースをインストールしましょう。ここでは、**Windows**上でインストールする手順を解説します。

◎ SQLiteをダウンロードする

SQLiteのホームページ（https://sqlite.org/index.html）にアクセスします。［Download］リンクをクリックします。

図1-29 SQLiteホームページ

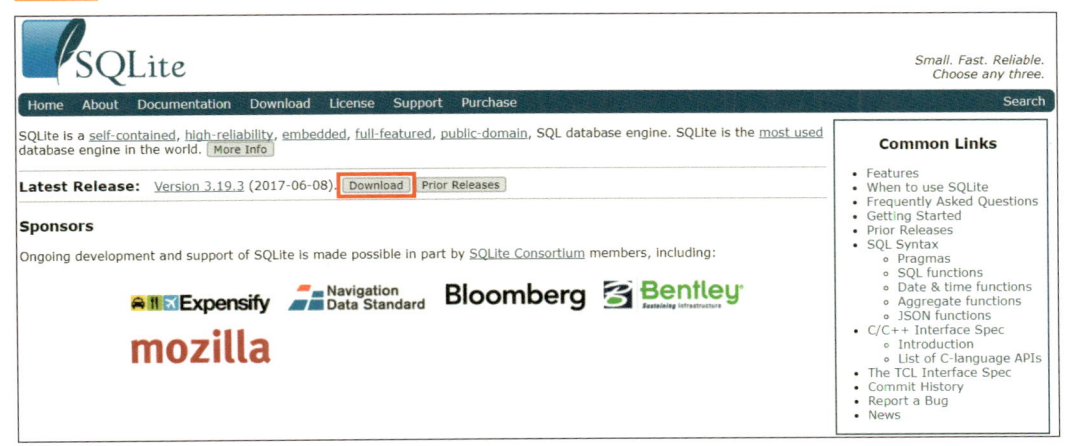

SQLiteダウンロードページの「Precompiled Binaries for Windows」のリストから［sqlite-tools-win32-x86-（数字）.zip］リンクをクリックします。数字のところにはバージョンの番号が入ります。ここでは執筆時点で最新の「sqlite-tools-win32-x86-3190300.zip」をダウンロードし任意のフォルダに保存します。

図 1-30 SQLiteダウンロードページ

Precompiled Binaries for Mac OS X (x86)

sqlite-tools-osx-x86-
3190300.zip
(1.14 MiB)
A bundle of command-line tools for managing SQLite database files, including the command-line shell program, the sqldiff program, and the sqlite3_analyzer program. (sha1: 1012be9d387f2d0adb7b27e596760046566c798c)

Precompiled Binaries for Windows

sqlite-dll-win32-x86-
3190300.zip
(434.80 KiB)
32-bit DLL (x86) for SQLite version 3.19.3. (sha1: 92d2f84c8f528ef92993f346a7b3375f92419b7e)

sqlite-dll-win64-x64-
3190300.zip
(722.63 KiB)
64-bit DLL (x64) for SQLite version 3.19.3. (sha1: 80024d5736996e07bac72fbfd6d0b8cd59d2782a)

sqlite-tools-win32-x86-
3190300.zip
(1.56 MiB)
A bundle of command-line tools for managing SQLite database files, including the command-line shell program, the sqldiff.exe program, and the sqlite3_analyzer.exe program. (sha1: 21a42e8103a5a49a7305af2f58174cebeb34d1c6)

Precompiled Binaries for .NET

System.Data.SQLite
Visit the System.Data.SQLite.org website and especially the download page for source code and binaries of SQLite for .NET.

Alternative Source Code Formats

sqlite-src-3190300.zip
(9.72 MiB)
Snapshot of the complete (raw) source tree for SQLite version 3.19.3. See How To Compile SQLite for usage details. (sha1: 41ad08f1268fa35e0bd9715c33bf51dee81b7bfc)

sqlite-preprocessed-
3190300.zip
(2.08 MiB)
Preprocessed C sources for SQLite version 3.19.3. (sha1: 2dc9fb679e4958438c6e67910104aeab375fcde9)

◎ SQLiteアプリケーションファイルを移動する

　SQLiteのzipファイルを任意のフォルダに解凍し、フォルダの中に含まれるアプリケーションファイルを、すべてRubyインストール先のbinフォルダに移動します。本書で紹介した手順では「C:¥Ruby24-x64¥bin」です。

　移動するファイルは次の3つです。

ファイル名	役割
sqlite.exe	SQLiteに接続するツール
sqldiff.exe	データベース同士のデータの違いを調べるツール
sqlite3_analyzer.exe	データベースの使用状況などを分析するツール

図1-31 SQLite アプリケーションファイルの移動

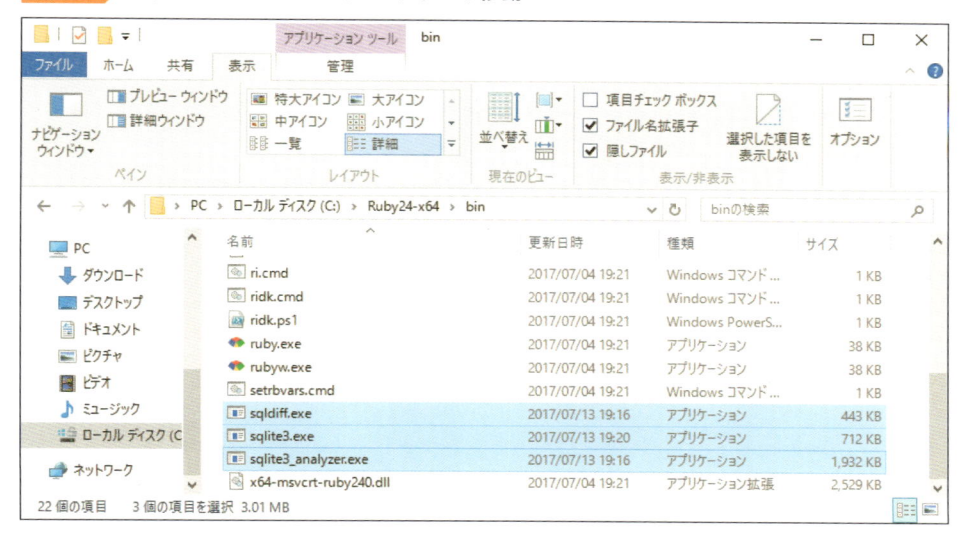

◎ SQLiteのバージョンを確認する

　Rubyのバージョンを確認した手順同様、[Start Command Prompt with Ruby]アプリを起動し、半角でsqlite3 -versionと入力しEnterキーを押します。SQLiteのバージョンが表示されます。執筆時点での最新バージョンは3.19.3です。

図1-32 SQLite のバージョン確認

Ruby on Rails を
インストールしよう

ここまでで、**Rails** アプリ開発に必要な下準備が整いました。いよいよ **Rails** を **Windows** 上でインストールする手順を解説します。

◎ **Bundler** をインストールする

Bundler は、Ruby 製のプログラムのまとまりである RubyGems を管理するツールです。Rails 自体が RubyGems として提供されていますが、Rails が必要とする RubyGems も複数あります。Bundler を使うと、これら必要な RubyGems をすべてまとめてダウンロード・インストールすることができます。

Bundler 自体も RubyGems として提供されているため、まずは Bundler をインストールします。RubyGems を単体でインストールするには、Ruby をインストールすると付属する **gem コマンド** を使います。

［Start Command Prompt with Ruby］アプリを起動し、半角で gem install bundler と入力し Enter キーを押します。

図 **1-33** ▶ **Bundler** のインストール

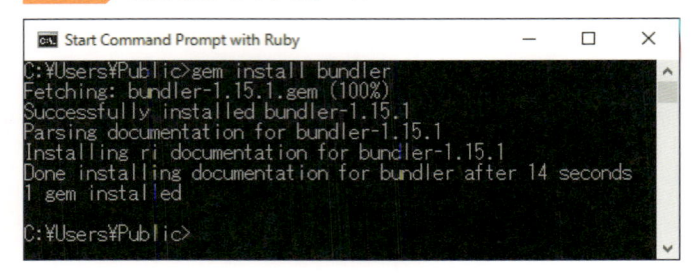

```
Start Command Prompt with Ruby                    —    □    ×
C:\Users\Public>gem install bundler
Fetching: bundler-1.15.1.gem (100%)
Successfully installed bundler-1.15.1
Parsing documentation for bundler-1.15.1
Installing ri documentation for bundler-1.15.1
Done installing documentation for bundler after 14 seconds
1 gem installed

C:\Users\Public>
```

「1 gem installed」と表示されたらインストールが完了しています。

◎ **Rails をインストールする**

gem コマンドで Rails をインストールします。［Start Command Prompt with Ruby］アプリを起動し、半角で gem install rails と入力し Enter キーを押します。Rails は複数の RubyGems を必要とするため、インストールには数分かかります。

図 1-34 **Rails のインストール**

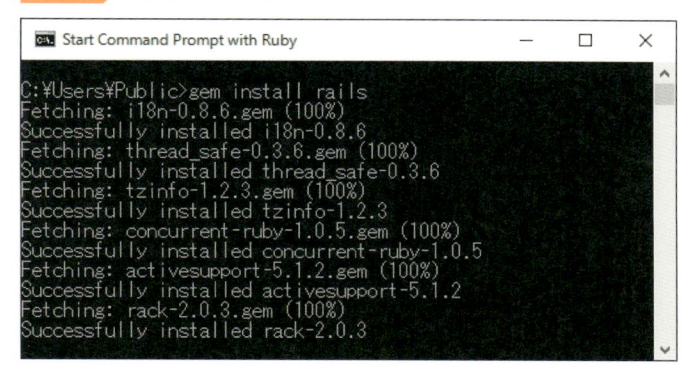

「35 gem installed」と表示されたらインストールが完了しています。

図 1-35 **Rails のインストール完了**

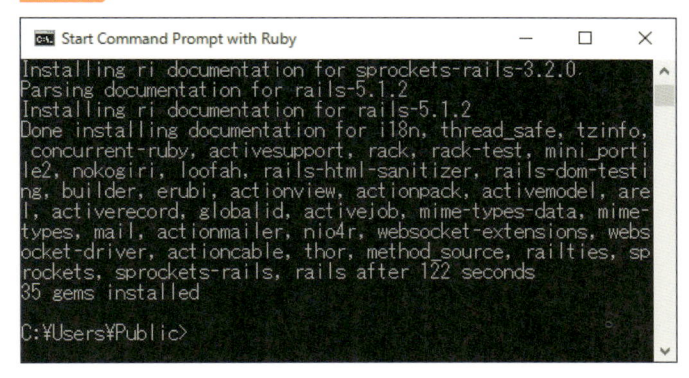

インストールされた Rails のバージョンを確認します。確認には、**rails コマンド**を用います。rails -v を実行します。ここでは執筆時点で最新の 5.1.2 が確認できます。

図 1-36 Rails のバージョン確認

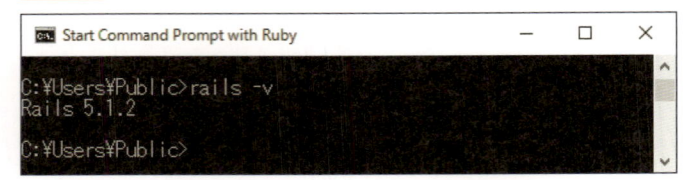

　以上で Rails アプリを開発するための環境がすべて整いました。次の **CHAPTER** からは実際に Rails アプリを作成し開発を進めます。

COLUMN ｜ Rails アプリ開発における RubyGems

　Rails 本体が直接必要としていない RubyGems であっても、web アプリをより効率的に開発する上で便利なものが OSS としてたくさん公開されています。Rails を使ってより本格的な web アプリ開発を行う場合には、たくさんの RubyGems を追加で導入するケースがほとんどです。

　本書は入門者向けということもあり、このような RubyGems を追加で使う場面はありませんが、ここでは良く使われている有名な RubyGems を紹介しておきます。

RubyGems	機能
devise	ユーザー登録やログインなどの認証
omniauth	SNS 連携での認証
kaminari	一覧画面のページング

2

コントローラーの基本

SECTION 01 アプリケーションを作成しよう

> CHAPTER 1の手順で、Railsアプリを開発するすべての準備が整いました。ここからは、実際にRailsのサンプルアプリを作成する手順を解説します。

◎ 本書で開発するRailsアプリ

Railsアプリは、おおよそ次の方法で開発していきます。

- ブラウザからのリクエストを受け取るコントローラー（アクション）を作成する
- ブラウザへの出力を表すビューを作成して、画面表示部分を切り離す
- 共通のデザインを表すレイアウトを適用する
- データベースを作成した上で、これにアクセスするためのモデルを定義する

このうち、本CHAPTERでは、まずコントローラー（アクション）を作成し、ブラウザからのリクエストを受け取れるようにします。

◎ rails newコマンドを実行する

Railsアプリの新規作成には、**rails newコマンド**を使います。コマンドの直後に半角スペースを挟んで任意のアプリ名を指定します。

コマンドを実行するために、VS Codeを開き、［表示］メニューから［統合ターミナル］をクリックするとWindows PowerShellが起動します。

図 2-1 統合ターミナルの起動

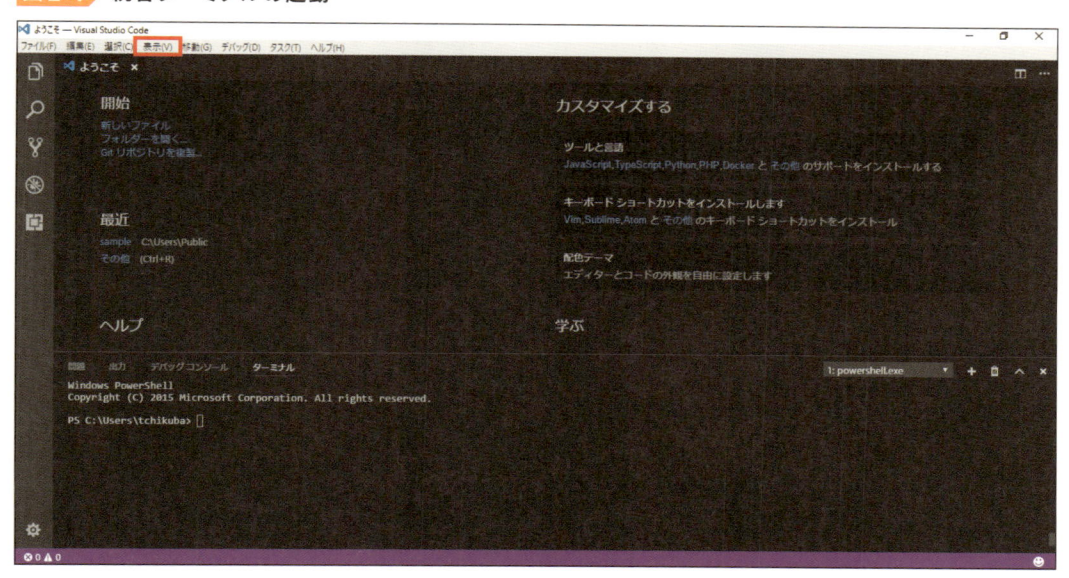

COLUMN　　Windows PowerShell

　Windows PowerShellは、コマンドプロンプトより高機能なコマンドラインツールです。Ruby用のコマンドプロンプトである［Start Command Prompt with Ruby］アプリ同様、RubyやRailsが提供するコマンドを実行することができます。

　ここでは、rails new sampleを実行します。Railsアプリに必要なファイルが直下のsampleフォルダに新規作成されるので、**cdコマンド**で配置したいディレクトリに移動してコマンドを実行します。本書では、「C:¥Users¥Public」フォルダ上に作成しています。

　この際、BundlerによってRailsアプリに追加で必要なRubyGemsも合わせてインストールされるため、インストールには数分かかります。

2

コントローラーの基本

図 2-2 ▶ Rails サンプルアプリの新規作成

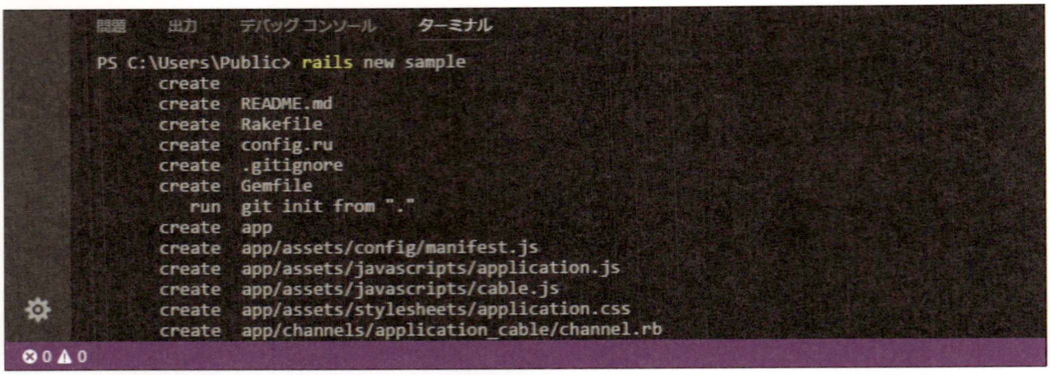

```
問題    出力    デバッグ コンソール    ターミナル

PS C:\Users\Public> rails new sample
        create
        create  README.md
        create  Rakefile
        create  config.ru
        create  .gitignore
        create  Gemfile
           run  git init from "."
        create  app
        create  app/assets/config/manifest.js
        create  app/assets/javascripts/application.js
        create  app/assets/javascripts/cable.js
        create  app/assets/stylesheets/application.css
        create  app/channels/application_cable/channel.rb
⊗ 0 ⚠ 0
```

サンプルアプリの新規作成が完了した直後の様子は、次の画面のようになります。

図 2-3 ▶ Rails サンプルアプリの新規作成完了

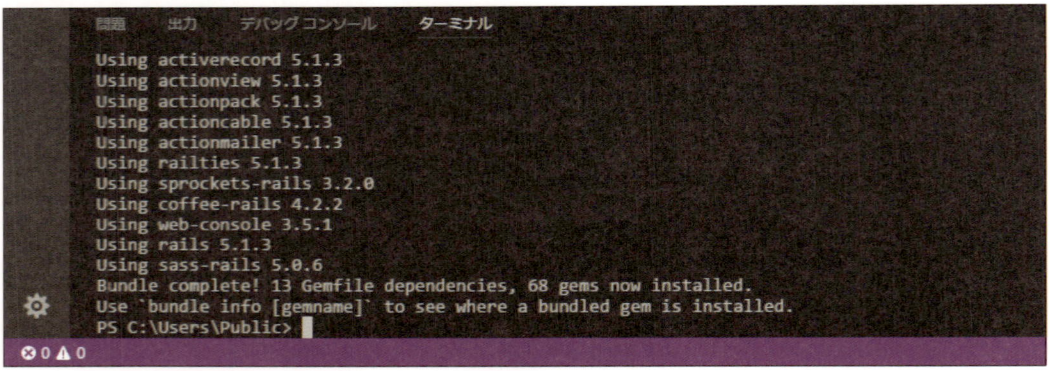

```
問題    出力    デバッグ コンソール    ターミナル

Using activerecord 5.1.3
Using actionview 5.1.3
Using actionpack 5.1.3
Using actioncable 5.1.3
Using actionmailer 5.1.3
Using railties 5.1.3
Using sprockets-rails 3.2.0
Using coffee-rails 4.2.2
Using web-console 3.5.1
Using rails 5.1.3
Using sass-rails 5.0.6
Bundle complete! 13 Gemfile dependencies, 68 gems now installed.
Use `bundle info [gemname]` to see where a bundled gem is installed.
PS C:\Users\Public>
⊗ 0 ⚠ 0
```

◎ Rails アプリの構成を確認する

　新規作成されたサンプルアプリのフォルダを確認しましょう。本書では「C:¥Users¥Public」フォルダ上で rails new sample を実行したので、サンプルアプリのフォルダは「C:¥Users¥Public¥sample」となります。

図2-4 Railsサンプルアプリのフォルダ

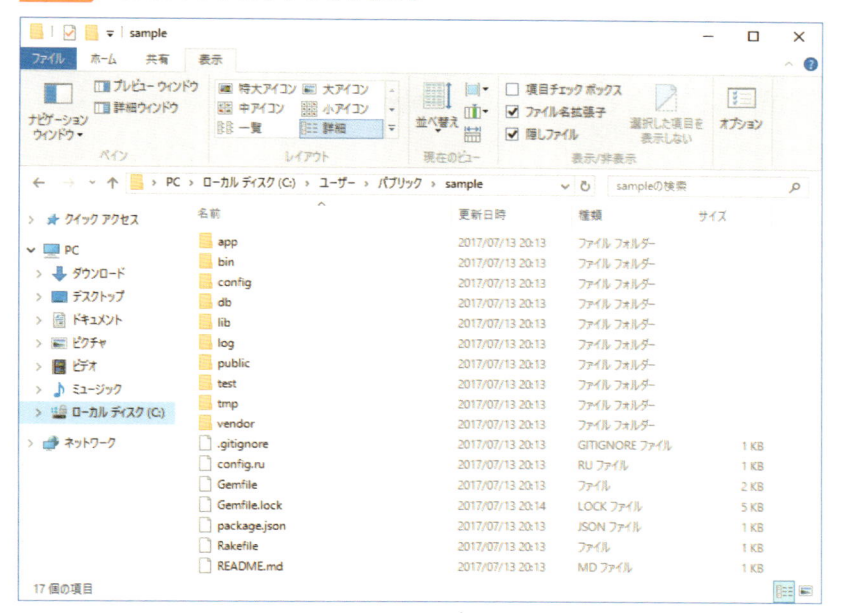

　それぞれのフォルダの役割は次のとおりです。表の「参照頻度」は、実際にRailsアプリを開発するにあたって使うことがどれくらいあるかを示しています。

　詳細は次のCHAPTER以降で必要に応じて解説します。

表2-1 フォルダの役割

フォルダ	配置されるファイル	参照頻度
app	アプリのプログラム	高
bin	アプリのコマンド	低
config	アプリの設定ファイル	中
db	データベース関連ファイル	中
lib	アプリで使うライブラリ	低
log	アプリのログファイル	高
public	静的コンテツ（faviconなど）	中
test	テストコード	低
tmp	一時ファイル	低
vendor	外部ライブラリ	低

2

コントローラーの基本

◎ Railsアプリを起動する

新規作成したRailsアプリを起動するには、**rails s コマンド**を使用します。コマンドを実行する場所は、Railsアプリのフォルダ上です。ここではcd sampleを実行して、先程新規作成したサンプルアプリのフォルダに移動します。

図2-5 ▶ Rails サンプルアプリのフォルダへ移動

```
問題    出力    デバッグ コンソール    ターミナル

PS C:\Users\Public> cd sample
PS C:\Users\Public\sample>
```

rails s を実行すると Puma と呼ばれる**アプリケーションサーバー**が起動します。

図2-6 ▶ Rails サンプルアプリの起動

```
問題    出力    デバッグ コンソール    ターミナル

PS C:\Users\Public\sample> rails s
=> Booting Puma
=> Rails 5.1.3 application starting in development on http://localhost:3000
=> Run `rails server -h` for more startup options
*** SIGUSR2 not implemented, signal based restart unavailable!
*** SIGUSR1 not implemented, signal based restart unavailable!
*** SIGHUP not implemented, signal based logs reopening unavailable!
Puma starting in single mode...
* Version 3.10.0 (ruby 2.4.1-p111), codename: Russell's Teapot
* Min threads: 5, max threads: 5
* Environment: development
* Listening on tcp://0.0.0.0:3000
Use Ctrl-C to stop

⊗ 0 ⚠ 0
```

COLUMN	アプリケーションサーバーとは

アプリケーションサーバーとは、Railsアプリを動かすためのサーバーです。webサーバーの役割も兼ねており、ブラウザからのリクエストを元に処理を行い、結果をレスポンスとして返します。

アプリケーションサーバーにはさまざまな種類がありますが、執筆時点でのRailsのデフォルトでは、Pumaが採用されています。

「http://localhost:3000」にアクセスすると Rails デフォルトのトップページが表示されます。

図 2-7 Rails デフォルトのトップページ

アクセス後にターミナルに戻ると、アプリケーションサーバーにアクセスが記録されたログが出力されていることが確認できます。

図 2-8 アプリケーションサーバーに記録されたログ

```
問題    出力    デバッグコンソール    ターミナル
Puma starting in single mode...
* Version 3.10.0 (ruby 2.4.1-p111), codename: Russell's Teapot
* Min threads: 5, max threads: 5
* Environment: development
* Listening on tcp://0.0.0.0:3000
Use Ctrl-C to stop
Started GET "/" for 127.0.0.1 at 2017-08-31 23:44:09 +0900
Processing by Rails::WelcomeController#index as HTML
  Rendering C:/Ruby24-x64/lib/ruby/gems/2.4.0/gems/railties-5.1.3/lib/rails/templates/rails/w
  Rendered C:/Ruby24-x64/lib/ruby/gems/2.4.0/gems/railties-5.1.3/lib/rails/templates/rails/we
Completed 200 OK in 937ms (Views: 87.8ms)
```

2

コントローラーの基本

なお、起動したPumaサーバーを停止するには⌈Ctrl⌉キーと⌈c⌉キーを同時押しします。その後、「バッチジョブを終了しますか（Y/N）?」と確認メッセージが出るので、⌈y⌉キーを入力して⌈Enter⌉キーを押すと、Pumaサーバーが停止します。

図2-9 ▶ Puma サーバーの停止

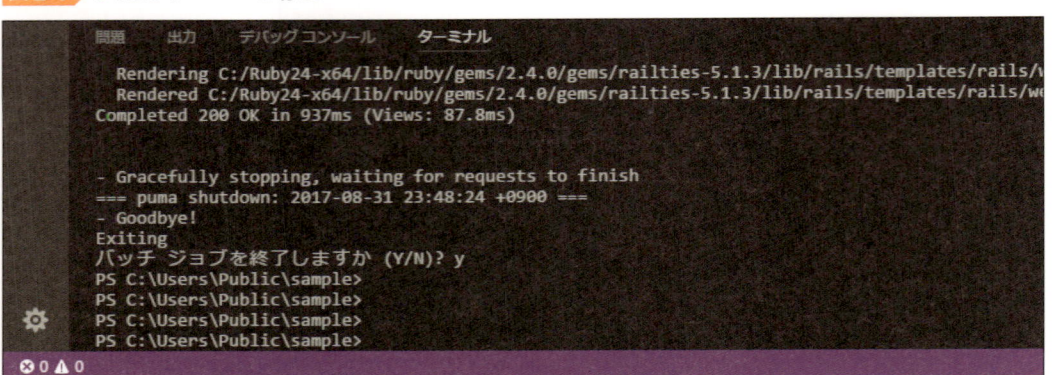

SECTION

02

コントローラーを作成しよう

ユーザーからのリクエストを受け付けるコントローラーを作成します。まずは、**Rails**が提供する
ジェネレーターコマンドを使ってコントローラーを作成する手順を解説します。

◎ **Rails**アプリの開発の流れ

　ここからはRailsアプリを実際に開発していきます。ここでは、このCHAPTERで開発する流れを確認
しておきます。

　まずはじめに、リクエストを受け付けるコントローラーを作成し、動作を定義するアクションを記述
します。次に、リクエストをコントローラーに振り分ける定義をするルーティング情報を追加します。
最後に実際にブラウザ上からアクセスして定義した処理が動いていることを確認します。

◎ コントローラーの役割

　コントローラー（**Controller**）は、ユーザーのリクエストを受け取り、モデル（Model）やビュー（View）
へその情報を渡す、橋渡し役と言えます。たとえば、ユーザーが「/users」というURLにアクセスしたら、
そのリクエストを最初に受け取るのがコントローラーです。

　Usersコントローラーで受け付けたリクエストを元に、モデルから受け取ったデータを、対応する
ビューに渡して画面を生成します。

図2-10 コントローラーの役割

◎ ジェネレーターコマンドでコントローラーを作成する

　Railsには、アプリ開発を手助けする便利なコマンドが備わっています。特にアプリ開発に必要なファイルを自動生成してくれるコマンドとして、**ジェネレーター**があります。ジェネレーターコマンドは、rails generateコマンドとして提供されています。generateを略してrails gでも同様に実行できます。

　コマンドの引数に「何を自動生成（generate）するのか」を指定して実行します。コントローラーを作成するにはrails g controller [コントローラー名] [アクション名]の形式で実行します。

　この「何を」の部分はあらかじめ用意されており、その種類も豊富です。本書では必要に応じてジェネレーターコマンドを紹介していきます。

図2-11 ジェネレーターコマンド

rails generate［自動生成する種別］［種別毎の指定］

省略可 　　　　　　■■

rails g［自動生成する種別］［種別毎の指定］

・ジェネレーターコマンド例：コントローラーの作成

rails g controller［コントローラー名］［アクション名］

◉ Usersコントローラーを作成する

　ジェネレーターを使ってUsersコントローラーを作成しましょう。ターミナル上でRailsサンプルア

プリのフォルダに移動し、rails g controller コマンドの後に、コントローラー名である users を指定して実行します。なお、コントローラーのメソッドのことを**アクション**と呼びます。ジェネレーターコマンドに渡すコントローラー名の後に、アクション名を指定することもできます。ここでは、アクション名を省略して実行します。

図2-12 ▶ Users コントローラーの作成

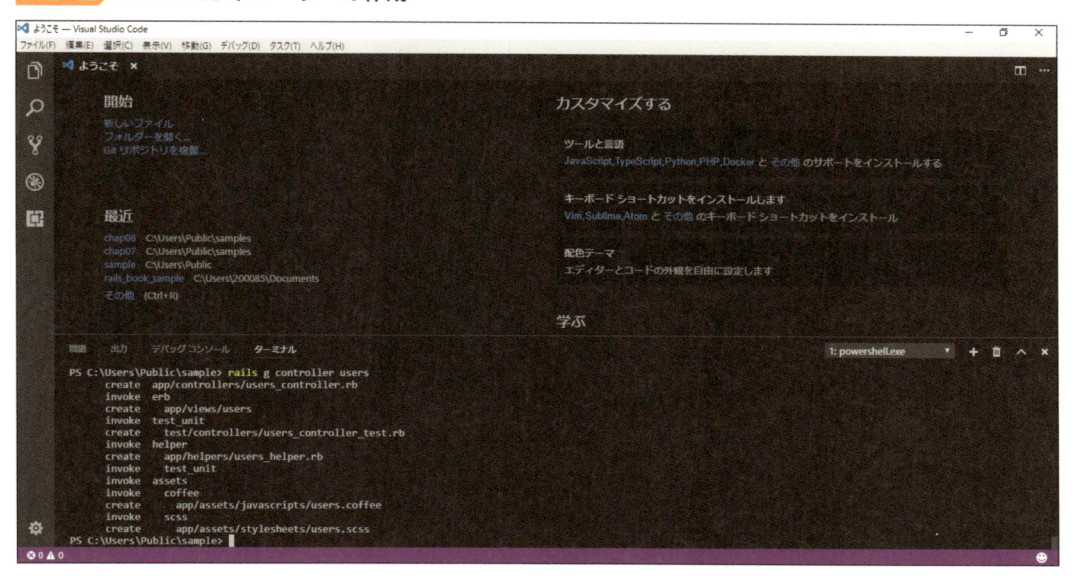

```
> rails g controller users
      create    app/controllers/users_controller.rb
      invoke    erb
      create     app/views/users
      invoke    test_unit
      create     test/controllers/users_controller_test.rb
      invoke    helper
      create     app/helpers/users_helper.rb
      invoke     test_unit
      invoke    assets
      invoke     coffee
      create       app/assets/javascripts/users.coffee
      invoke     scss
      create       app/assets/stylesheets/users.scss
```

ジェネレーターを実行すると、コントローラーに対応するビューフォルダ、テストコード、ヘルパーメソッド、アセット関連のファイルがそれぞれ自動的に追加されます。

- ビューフォルダ

　Usersコントローラーに対応する**ビューフォルダ**は、app/views/usersです。このフォルダの中にアクションに対応するビューファイルを配置していきます。コントローラー名の「Users」とビューフォルダ名の「users」が一致するようにフォルダが追加されていることに注目してください。

- テストコード

　テストコードとは、実装した動作が思惑通りに正しく動いているかの確認を自動化するものです。テストコードに関する詳細は、本書の範囲を超えるため省略します。Usersコントローラーに対応するテストコードのファイルはtest/controllers/users_controller_test.rbです。

- ヘルパーメソッド

　ヘルパーメソッドとは、ビューやコントローラーから呼び出す共通処理をまとめたものです。Usersコントローラーに対応するヘルパーメソッドファイルはapp/helpers/users_helper.rbで、ファイル名の先頭がコントローラー名同様「users」となっています。本書では、詳細な解説は割愛します。

- アセット

　アセットとは、Webアプリを構成するJavaScriptやCSSなどの総称です。Usersコントローラーに対応するのは、app/assets/javascripts/users.coffeeがJavaScript（CoffeeScript）で、app/assets/stylesheets/users.scssがCSS（SCSS）です。

- CoffeeScript／SCSS

　CoffeeScriptはJavaScriptのコードを生成するためのプログラミング言語の1つです。JavaScriptよりもRubyに近い記述ができることが特徴で、Railsに標準採用されています。**SCSS**は、よりプログラミング的にスタイルシートを記述するための言語の1つで、CSSに変換できます。CoffeeScript同様、Railsに標準採用されています。

◉ Users コントローラーにアクションを記述する

　ジェネレーターで作成したUsersコントローラーにアクションを記述します。ここではindexという名前のアクションとします。アクションはコントローラーのメソッドとして記述します。つまりUsersコントローラーにindexメソッドを追加します。

　VS Codeを起動し、［フォルダーを開く］リンクをクリックし、Railsサンプルアプリのフォルダを選択します。

図 2-13 フォルダーを開く

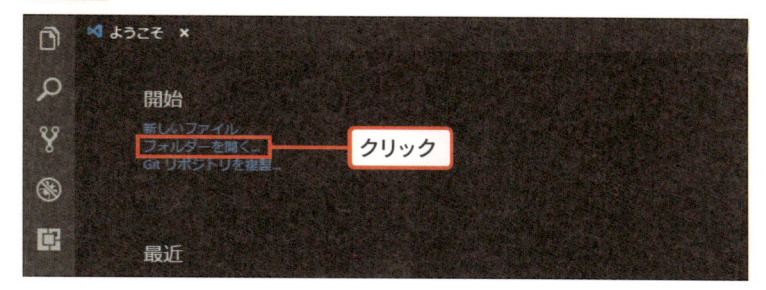

［エクスプローラー］左ペインからapp、controllersと選択し、users_controller.rbをクリックするとファイル内容が表示されます。

図 2-14 Users コントローラーファイルの表示

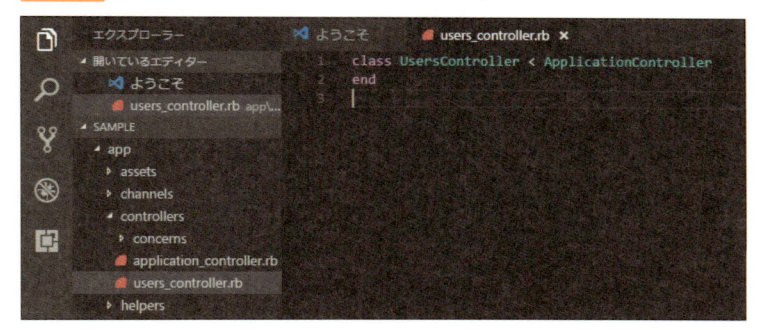

ApplicationController クラスを継承した、UsersController クラスが空で定義されています。このクラスにindex アクション（メソッド）を追加して次のようなプログラムを記述し Ctrl キーと s キーを同時押しして保存します。

図 2-15 index アクションの追加

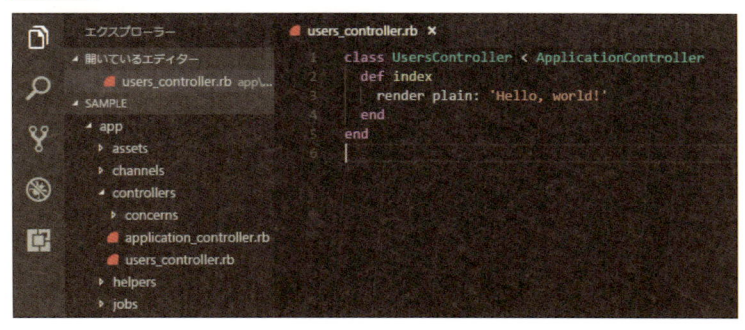

```
001:    class UsersController < ApplicationController
002:      def index
003:        render plain: 'Hello, world!'
004:      end
005:    end
```

　renderは、コントローラーに備わっているメソッドです。クライアントに返すレスポンスを定義します。plain:は、その後の値で指定された文字列をクライアントに返すための指定です。この場合は画面に「Hello, world!」が表示されます。

2

コントローラーの基本

> **COLUMN** | 文字コード
>
> 　**文字コード**とは、人が読むための文字をコンピューターが内部的に管理するための対応表のようなものです。文字コードにはOSの違いなどの歴史的な背景から、さまざまな種類があり、一般的に目にする「文字化け」なども文字コードが原因です。
>
> 　Railsがデフォルトで採用する文字コードは、**UTF-8**と呼ばれる種類です。従って、Railsアプリ開発にあたってはUTF-8でプログラムを記述する必要があります。
>
> 　採用するテキストエディタによって文字コードの確認方法は異なりますが、本書で採用するVS Codeではファイルを開いた場合に右下に文字コードの種類が表示されます。
>
>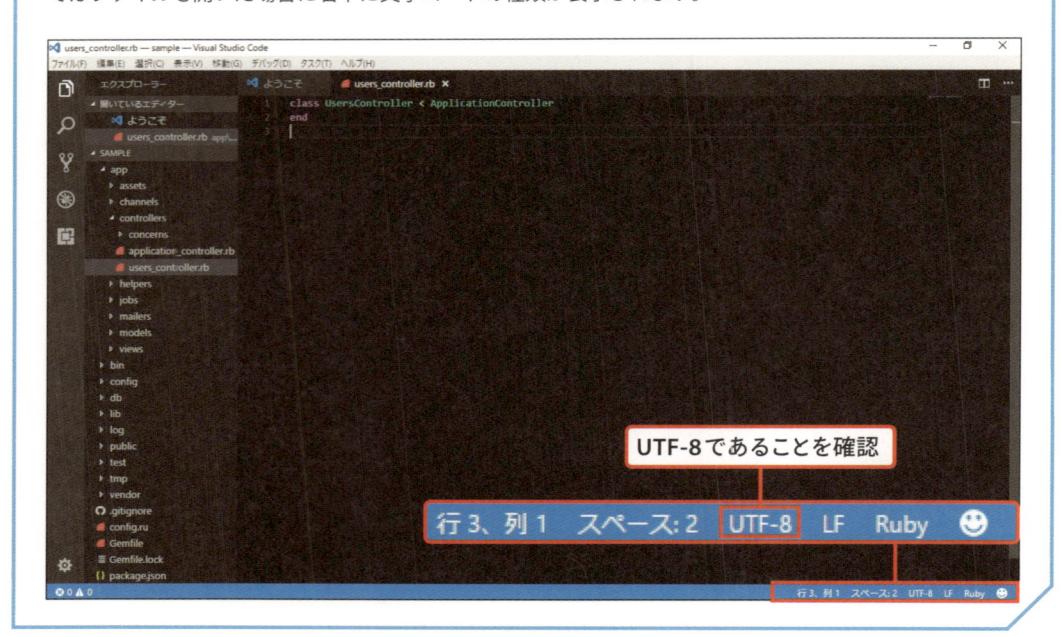

　Rubyプログラムでインデント（字下げ）する場合、一般的なコーディング規約ではタブを使わずスペース2つでインデントする決まりとなっています。

　VS Codeのデフォルトの設定では Tab キーを入力した場合のインデントはスペース4つとなっています。この設定は、次の手順でスペース2つに変更することができます。

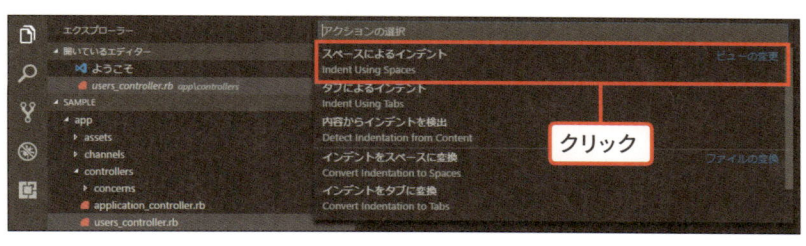

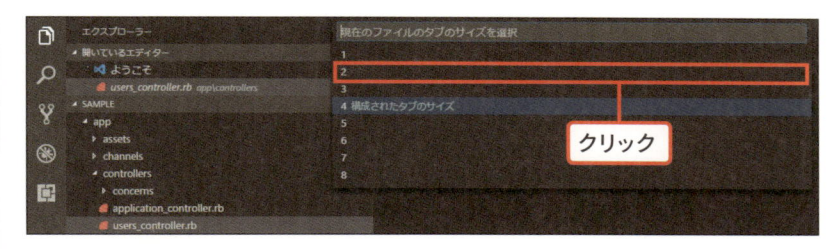

2

コントローラーの基本

ルーティング情報を
設定しよう

ユーザーからのリクエストを、コントローラーのアクションに割り振る役割を担うのがルーティングです。ルーティング情報を設定する方法を解説します。

◎ ルーティングとは

　ルーティングとは、ユーザーが特定のURLにアクセスした場合に、どのコントローラーのどのアクションに処理を振り分けるかを定義する仕組みです。たとえば、/usersにアクセスがあった場合、Usersコントローラーのindexアクションに処理を振り分ける、という定義を、ルーティングとして記述することで実現できます。

　Railsにおいてルーティング情報はconfig/routes.rbファイルに記述する決まりです。ルーティングは、専用の文法で記述します。

図2-16　ルーティングの仕組み

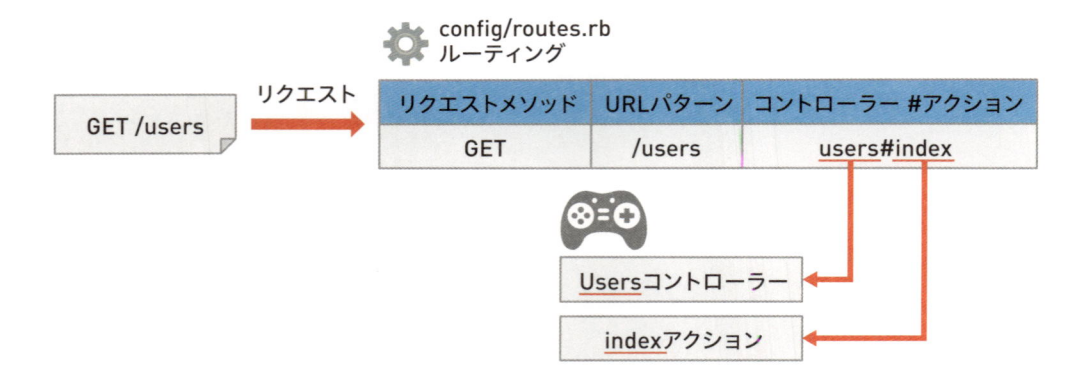

◎ ルーティングを追加する

config/routes.rb を VS Code 上で開き、次のように記述して保存します。

リスト2-1 ▶ 2-1：config/routes.rb

```
001:  Rails.application.routes.draw do
002:    # For details on the DSL available within this file,
        see http://guides.rubyonrails.org/routing.html
003:    get '/users', to: 'users#index'
004:  end
```

　rails s コマンドで Rails サーバーを起動し、「http://localhost:3000/users」にアクセスして動作を確認します。画面に「Hello, world!」が表示されることが確認できます。

```
rails s
```

図2-17 ▶ ルーティング追加後の動作確認

```
Hello, world!
```

◎ ルーティング情報の主な記述方法

　ルーティング情報の記述方法には、さまざまなものが用意されています。先程追加したルーティングは、

- **get** が **HTTP リクエストメソッド**（単にリクエストメソッドとも）
- **'/users'** が**リクエスト URL**
- **to: 'users#index'** で対応する「コントローラー名#アクション名」

を表します。**（HTTP）リクエストメソッド**とは、ブラウザからの要求（リクエスト）がどんな処理を求めているのかを区別するための取り決めのことで、GET ／ POST ／ PUT ／ PATCH ／ DELETE などの種類があります。一般的なアクセスであれば GET ですし、フォームからのデータ送信は大概 POST が使われています。

この例では、ブラウザから http://localhost:3000/users にアクセスした時に、Users コントローラーの index アクションを呼び出しなさい、という意味になります。

　ここまでで、コントローラーを新規作成してアクションの動作を定義し、ルーティングの設定を追加することで、開発した Rails アプリにアクセスすることできるようになりました。次の CHAPTER ではビューを新しく定義して、出力（HTML）部分をコントローラーから切り離していきます。

COLUMN　　追加したルーティングの確認方法

　Rails のルーティングは、基本的には Ruby の文法で記述しますが、Rails で予め定義されたルールがあり、少し独特な記述方法となっています。

　ルーティングを追加していくにあたり、Ruby の文法としては誤りではなくても、Rails が定めたルールには則っていないことが原因で解釈できない場合が少なからず出てくるかもしれません。

　Rails として正しいルーティングかを確認するためには、ターミナル上で rails routes コマンド（CHAPTER 6 の SECTION 01 参照）を実行してください。コマンド実行後エラーが発生した場合は、ルーティングに誤りがある可能性が高いので config/routes.rb の設定内容を見直してみてください。

3

ビューの基本

ビューを分離しよう

CHAPTER 2では、プレーンテキストをコントローラーから直接画面に表示しました。ここでは、ビュー（View）として、画面表示部分のコードを切り離す方法を解説します。

◎ コントローラーから対応するビューを呼び出す

◎ コントローラーからビューを切り離すメリット

CHAPTER 2では、コントローラーで決まった文字列を表示する処理を、ビューを通さずに直接記述しました。しかし、役割ごとにファイルを分けるMVC（14ページ）の考え方からすれば、この状態は望ましくありません。

たとえば、CHAPTER 2の例では「Hello, world!」という文字列を直接コントローラーに記述していますが、「Hello, Japan !」に変更したい場合に、いつもプログラマーの手を煩わせることになります。これをビュー（HTML）として切り出すことで、見た目の変更はデザイナーが、コードの変更はプログラマーと、役割分担が可能になります。また、そもそも見た目もすっきりし、アプリを開発しやすくなります。

図 3-1 ▶ コントローラーからビューを切り離す

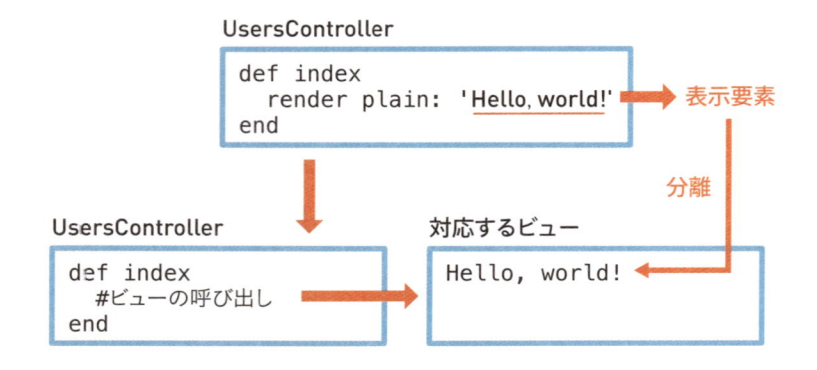

● **render**メソッドの書き換え

コントローラーからビューを呼び出すには、次のように書き換えます。

リスト 3-1 `app/controllers/users_controller.rb`

```
001:  class UsersController < ApplicationController
002:    def index
003:      render template: 'users/index'
004:    end
005:  end
```

　これで、コントローラーが処理された後、ビューとしてapp/views/users/index.html.erbが呼び出されます。ビューはapp/viewsフォルダー配下に保存するのがルールです。

　ただし、ビューがapp/views/コントローラー名/ビュー名.html.erbという命名になっている場合は、そもそもrenderメソッドを省略しても構いません。Railsの「設定よりも規約」という思想に従うならば、ビューを上の命名規則に沿って命名し、renderメソッドは省略するのが自然でしょう。

● 対応するビューの新規作成

　index.html.erbやshow.html.erbのようなビューファイルのことを**（ビュー）テンプレート**と呼ぶこともあります。また、ビューファイルは**ERB（Embedded RuBy）**と呼ばれるHTMLによく似たフォーマットで記述され、ファイルの拡張子を「.html.erb」として保存します。Embedded RuByとはHTMLにRubyのコードを埋め込んだ（Emebedded）、という意味です。

図 3-2 ビューテンプレート

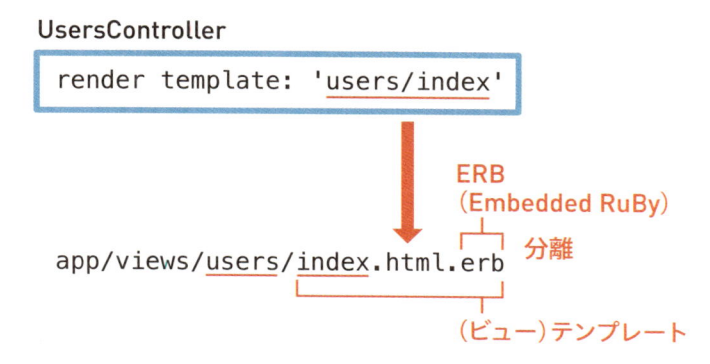

では、ビューファイルを新規作成してみましょう。

VS Code の［エクスプローラー］から app、views、users と辿り、SAMPLE フォルダにある［新しいファイル］アイコンをクリックします。

図 3-3 ［新しいファイル］アイコン

ファイル名入力モードになるので、「index.html.erb」と入力して Enter キーで確定するとファイルを編集することができます。

図 3-4 ファイル名の入力

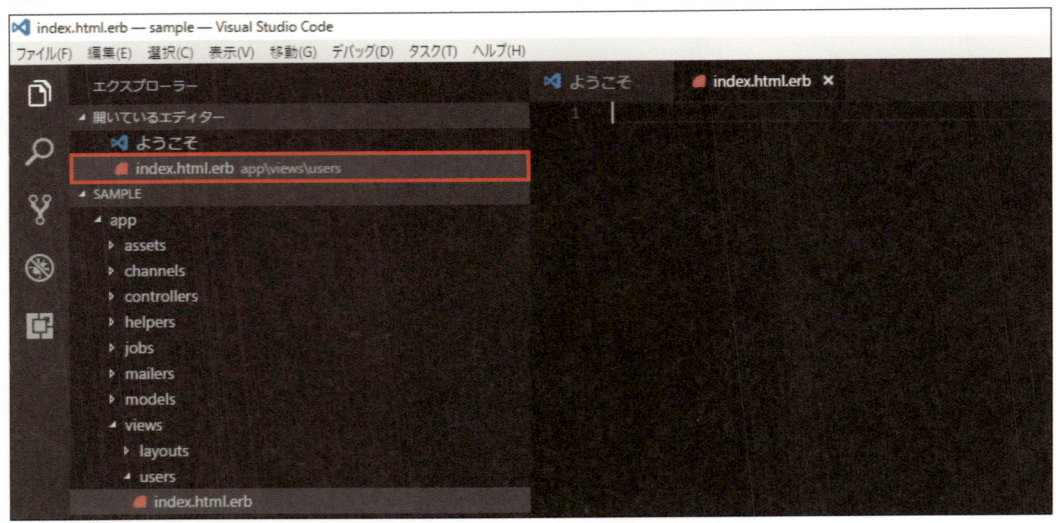

次のようなHTMLを記述して保存します。

リスト 3-2 app/views/users/index.html.erb

```
001:    <div>Hello, world!</div>
```

rails s コマンドでPuma サーバーを起動し、「http://localhost:3000/users」にアクセスし、画面に「Hello, world!」と表示されることを確認してください。

◉ ExecJS::ProgramError に遭遇した場合の対処方法

執筆時点での最新のWindows環境では、上記手順でアクセスすると **ExecJS::ProgramError** が発生します。

図 3-5 ExecJS::ProgramError

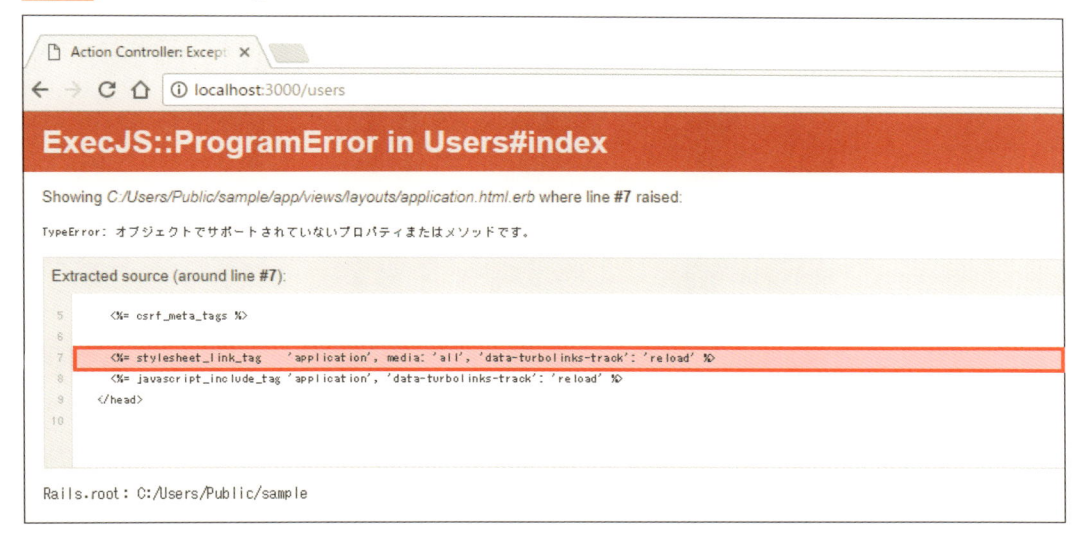

これはデフォルトのGemfile の設定にある coffee-rails という gem に依存している、coffee-script-source という gem の最新バージョンがWindows環境に未対応のために発生します。

この現象を回避するためにはGemfile に coffee-script-source のバージョンを 1.8.0 に指定して再インストールします。

```
       中略
033:   # Use Capistrano for deployment
034:   # gem 'capistrano-rails', group: :development
035:
036:   gem 'coffee-script-source', '1.8.0'
037:
038:   group :development, :test do
       中略
```

COLUMN | **Gemfile**

　Railsアプリのルートフォルダにある Gemfile というファイルは、その Rails アプリで使う RubyGems（CHAPTER 1 の SECTION 02 参照）を管理するためのものです。基本的に gem 'gemの名前', 'バージョン指定' のように記述することで、Rails アプリで使う gem のバージョンを指定することができます。なお、バージョン指定は省略可能で、省略した場合は最新のバージョンの gem がインストールされます。

　Gemfile を更新した後、bundle update gem名とすると指定した gem を Gemfile の記述に従ったバージョンの gem がインストールされ、gem の依存関係を示した Gemfile.lock ファイルが更新されます。

　ライブラリの更新には、ターミナル上で次のようなコマンドを実行します。

```
bundle update coffee-script-source
```

　コマンド実行が正常に終了した後、rails s コマンドで Puma サーバーを実行し、「http://localhost: 3000/users」にアクセスし、画面に「Hello, world!」と表示されることを確認してください。

◎ コントローラーから受け取った値をビューで表示する

◉ コントローラーとビューの修正

　ERBは、先程動作確認したように純粋な HTML を記述することができます。その他にも、コントローラーから受け取った値を Ruby のインスタンス変数（＝先頭に @ が付いた変数）として使用できます。変数を画面に表示するには <%= インスタンス変数 %> のように <%= %> で囲みます。

COLUMN インスタンス変数

インスタンス変数とは、Rubyのクラスが持つ変数の種類の1つです。クラスのオブジェクト（インスタンス）毎に保持される変数のため、インスタンス変数と呼ばれます。

Railsではリクエスト毎にコントローラークラスのインスタンスが生成され、コントローラーのインスタンス変数をビューと共有して、コントローラーからビューへのデータの受け渡しを実現しています。

先程記述したコントローラーとビューの処理を修正し、出力する「Hello, world!」という文字列をインスタンス変数で受け渡しするように変更します。

リスト 3-4 `app/controllers/users_controller.rb`

```
001:   class UsersController < ApplicationController
002:     def index
003:       @hello = 'Hello, world!'
004:
005:       render template: 'users/index'
006:     end
007:   end
```

リスト 3-5 `app/views/users/index.html.erb`

```
001:   <div><%= @hello %></div>
```

rails s コマンドで Puma サーバーを起動後、「http://localhost:3000/users」にアクセスし先程と同様に画面に「Hello, world!」と表示されることを確認してください。

● ERB の記述ルール

ERBでは、<% %> で囲まれた部分を Ruby のコードとして実行することができます。先程の例で使用した <%= %> のように **=記号** があると実行結果の戻り値を出力します。逆に=記号がない <% %> の場合は、戻り値は出力せず単に Ruby のコードとして実行するだけです。

表 3-1 ERB の記述ルール

記号	動作	実行例
<% %>	Ruby のコードとして実行	`<% if @hello.present? %>Hello, world!<% end %>`
<%= %>	Ruby コードの実行結果を出力	`<%= @hello %>`

レイアウトで共通デザインを定義しよう

Railsアプリでページ毎のHTMLを表示する場合に、<head>タグなど各ページ共通で利用する要素もあります。これを実現するためにRailsに備わっているレイアウトについて解説します。

◎ デフォルトで生成されたレイアウトファイルを確認する

レイアウトとは、Railsが提供するページ共通のデザインを管理する仕組みです。app/views/layoutsの下が共通デザインのテンプレート置き場になっています。rails newコマンドでRailsアプリを実行した際に、自動生成されているapplication.html.erbが標準のレイアウトファイルとなります。Railsではビューを生成するタイミングで、まず最初にapplication.html.erbを解釈します。

実際にレイアウトファイルを確認してみましょう。

リスト3-6 **app/views/layouts/application.html.erb**

```
001:    <!DOCTYPE html>
002:    <html>
003:      <head>
004:        <title>Sample</title>
005:        <%= csrf_meta_tags %>
006:
007:        <%= stylesheet_link_tag    'application', media: 'all', 'data-turbolinks-track':
                'reload' %>
008:        <%= javascript_include_tag 'application', 'data-turbolinks-track': 'reload' %>
009:      </head>
010:
011:      <body>
012:        <%= yield %>
013:      </body>
014:    </html>
```

application.html.erbの中身を確認してみると、基本的なwebページを表現するために必要な最低限のHTMLタグといくつかのERBの記述があることが見て取れます。

<title>タグに指定された「Sample」は rails new コマンドを実行した際の引数に指定したアプリ名がデフォルトで設定されます。

csrf_meta_tags というメソッドは Rails が提供するもので、**クロスサイトリクエストフォージェリ（CSRF）** と呼ばれる不正アクセスに対処するための HTML タグを出力します。このメソッドが出力する HTML タグがあるおかげで、Rails アプリ外部からの不正アクセスを受け付けずに済むようになっています。

stylesheet_link_tag、javascript_include_tag メソッドも Rails が提供するもので、スタイルシート（CSS）と JavaScript のファイルをインクルードする HTML タグを出力します。具体的には <link> タグと <script> タグをそれぞれ出力します。引数に指定された application は、それぞれ application.css と application.js を指します。これらのファイルについては後ほど解説します。

<body>タグ内に記述された yield メソッドは、ビューファイルの内容を表示する箇所を指示するものです。

図3-6 ▶ **レイアウトからビューを読み込む**

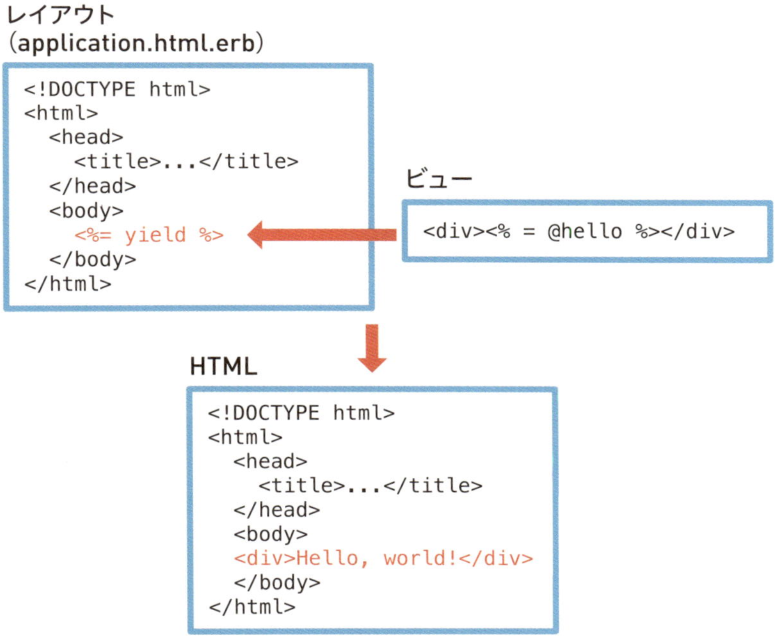

レイアウト
（application.html.erb）

```
<!DOCTYPE html>
<html>
  <head>
    <title>...</title>
  </head>
  <body>
    <%= yield %>
  </body>
</html>
```

ビュー

```
<div><% = @hello %></div>
```

HTML

```
<!DOCTYPE html>
<html>
  <head>
    <title>...</title>
  </head>
  <body>
    <div>Hello, world!</div>
  </body>
</html>
```

◎ レイアウトにページ共通のヘッダー／フッターを追加する

レイアウトを使ってページ共通のヘッダー／フッターを追加してみましょう。レイアウトファイルの<body>タグ内に<header>タグと<footer>タグを追加します。ページ毎のビューはヘッダーとフッターの間に差し込むので、これらのタグの間にyieldメソッドの部分を<div>タグで囲みます。

リスト 3-7 ▶ **app/views/layouts/application.html.erb**

```
          中略
011:    <body>
012:      <header>ヘッダー</header>
013:      <div>
014:        <%= yield %>
015:      </div>
016:      <footer>フッター</footer>
017:    </body>
018:  </html>
```

ページ共通で呼び出していることがわかるように、別のURLでアクセスできるようにルーティングを次のように追加します。

リスト 3-8 ▶ **config/routes.rb**

```
001:  Rails.application.routes.draw do
002:    # For details on the DSL available within this file,
        see http://guides.rubyonrails.org/routing.html
003:    get '/users', to: 'users#index'
004:    get '/users/new'
005:  end
```

なお、getメソッドでは、上記のようにto:以下を省略することもできます。この例では、Usersコントローラーのnewアクションが呼ばれます。更に、アクションですべき処理がない場合はコントローラーのアクションも省略可能です。ここでは次のように対応するビューのみを作成します。

リスト 3-9 ▶ **app/views/users/new.html.erb**

```
001:  <div>Hello, Japan!</div>
```

rails s コマンドでRailsを起動し、「http://localhost:3000/users」と「http://localhost:3000/users/new」にそれぞれアクセスしてみましょう。次のようにヘッダーとフッターの間に「Hello, world!」と

「Hello, Japan!」と表示され、共通レイアウトが適用されつつ、ページ固有の表示も適用されていることが確認できます。

図3-7 http://localhost:3000/users

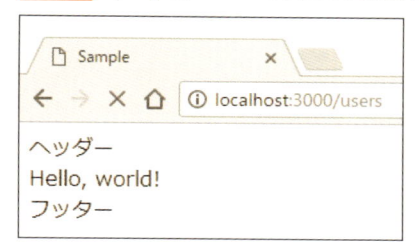

図3-8 http://localhost:3000/users/new

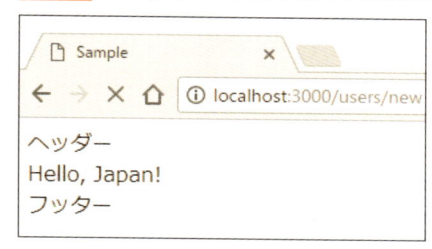

◎ デフォルトで生成されたアセットファイルを確認する

CHAPTER 2のSECTION 02でも触れたように、**アセット**はWebアプリを構成するスタイルシート・JavaScript・画像の3点セットです。特にスタイルシートとJavaScriptはRailsに組み込まれている**Sprockets**という仕組みによって管理されます。**Sprockets**は、Railsで標準採用されているスタイルシートの拡張書式である**SCSS**や、JavaScriptをRubyのように書ける**CoffeeScript**へ変換するファイルを取りまとめるための仕組みを提供します。

図3-9 **Sprockets**とは

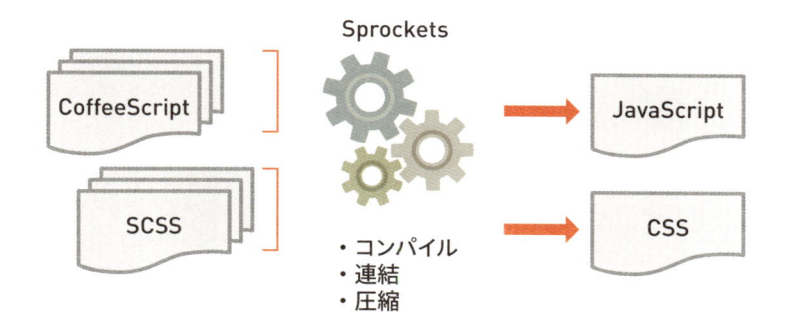

スタイルシートもJavaScriptも、それぞれ**マニフェストファイル**と呼ばれる専用の書式で、どのファイルをまとめるかの定義ファイルが事前に組み込まれています。ファイルはレイアウトに記述されていたapplication.cssとapplication.jsです。rails newコマンドでRailsアプリを作成した直後にデフォルトで生成されるマニフェストファイルを、それぞれ確認してみましょう。

3

ビューの基本

表3-2 アセットのマニフェストファイル

種別	マニフェストファイルのパス
スタイルシート	app/assets/stylesheets/application.css
JavaScript	app/assets/javascripts/application.js

リスト 3-10 app/assets/stylesheets/application.css

```
        中略
013:    *= require_tree .
014:    *= require_self
015:    */
```

リスト 3-11 app/assets/javascripts/application.js

```
        中略
013:    //= require rails-ujs
014:    //= require turbolinks
015:    //= require_tree .
```

スタイルシートとJavaScriptで先頭の定義が違いますが、requireなどの使い方は似ています。スタイルシートは「*=」記号、JavaScriptは「//=」記号に続けてrequireなどを定義するとその定義に従ってファイルを読み込みます。

スタイルシートの先頭にあるrequire_tree .は、application.cssがあるフォルダの下にある全てのフォルダにあるファイルを全て読み込む定義です。リスト3-10の14行目の*= require_selfは自分自身（self）、つまりapplication.cssも読み込む定義です。

JavaScriptの先頭2行はRailsが提供するrails-ujsとturbolinksを読み込む定義です。rails-ujsはRailsが提供するJavaScriptヘルパー、turbolinksはページ遷移をAjax化して高速にページを読み込むための仕組みです。

リスト3-11の15行目のrequire_tree .はスタイルシート同様にapp/assets/javascriptsフォルダ配下にある全てのファイルを読み込む定義です。

◎ スタイルシートとJavaScriptをページ毎に読み込む

スタイルシートもJavaScriptも、マニフェストファイルにrequire_tree .が記述されていることから、デフォルトではそれぞれのフォルダ配下にある全てのアセットを、全てのページ共通で読み込む設定となっています。

しかし現実には、ページ毎に読み込むアセットを変えたい場面があります。ここでは、「/users」ページだけでアセットを個別で読み込む方法を紹介します。手順は次のとおりです。

❶ マニフェストファイルから require_tree の記述を削除する

アセットのマニフェストファイルから require_tree の行を削除します。この記述を削除すると、ページ共通で呼ばれるのはマニフェストファイルと個別に記載したアセットのみとなります。

> リスト **3-12** app/assets/stylesheets/application.css

```
       中略
013:    *= require_self
014:    */
```

> リスト **3-13** app/assets/javascripts/application.js

```
       中略
013:    //= require rails-ujs
014:    //= require turbolinks
```

❷ 個別で読み込むアセットを定義ファイルに追加する

アセットをページ個別で読み込む前段階として、まずアセット用の定義ファイルに読み込みたいファイルを追加する必要があります。アセット用の定義ファイルは config/initializers/assets.rb です。ファイルを開き、Rails.application.config.assets.precompile の設定部分のコメントを外し、アセットを指定します。ここでは個別に読み込むアセットを以下とします。

> 表 **3-3** 個別に読み込むアセット

種別	パス
スタイルシート	app/assets/stylesheets/users.scss
JavaScript	app/assets/javascripts/users.coffee

次のように各アセット置き場の相対パスとして記述します。拡張子は.scss、.coffee でなく、Sprockets によって変換された後の.css、.js である点に注意してください。

> リスト **3-14** config/initializers/assets.rb

```
       中略
014:    Rails.application.config.assets.precompile += %w( users.js users.css )
```

3

ビューの基本

アセットを読み込む定義を、対応するビューに追加します。ここでは「/users」にアクセスした場合に個別に読み込むので、対応するビューであるapp/views/users/index.html.erbを次のように修正します。

リスト3-15 ▶ app/views/users/index.html.erb

```
001:  <%= stylesheet_link_tag 'users' %>
002:  <%= javascript_include_tag 'users' %>
003:
004:  <div class='users-index'><%= @hello %></div>
```

レイアウトファイルでも使用したstylesheet_link_tagとjavascript_include_tagを使って個別に読み込むファイルを指定しています。この指定方法もアセットの置き場から拡張子を除く相対パスで記述します。

なお、最後の行の<div>タグにusers-indexクラスを事前に指定しておきます。このスタイルシートのクラス定義を次の手順で追加します。

❹ 個別で読み込むアセットを記述する

追加したアセットファイルを開き、アセットがページ固有で呼び出されていることを確認するためのコードを追加します。なお対応するアセットファイルは、実行済のrails g controller usersコマンドで既に追加されています。

まずusers.scssを開き、次のようにusers-indexクラスの定義を追加します。

リスト3-16 ▶ app/assets/stylesheets/users.scss

```
       中略
004:  .users-index {
005:    font-weight: bold;
006:  }
```

font-weightプロパティはフォントの太さを表します。boldと指定することでusers-indexクラスに囲まれた文字が太字になる設定です。

次にusers.coffeeを開き、末尾に次のようなコードを記述します。

リスト3-17 ▶ app/assets/javascripts/users.coffee

```
       中略
004:  alert('Hello, world!')
```

このJavaScriptコードが実行されると、ブラウザ上で**Hello, world!**という警告ダイアログが表示されます。

◎ ページ毎にアセットが読み込まれることを動作確認する

rails s コマンドでRails アプリを起動し、「http://localhost:3000/users」にアクセスし、アセットが読み込まれることを確認します。**Hello, world!** というアラートが表示され、ページに表示される **Hello, world!** という文字が太字になっていることが確認できます。

図3-10 アラート表示

図3-11 **Hello, world!** が太字になっている

また、「http://localhost:3000/users/new」にアクセスすると、個別で記述したアセットが読み込まれていないことも確認してください。

以上、本 CHAPTER では、ブラウザーで表示すべきコンテンツをコントローラーからビューに分離し、レイアウトで共通デザインを定義しました。また、JavaScript ／スタイルシートをページに組み込む方法について学びました。

次の CHAPTER では、Rails のモデルを扱う前の知識として必須である、データベースの基本を学び、実際に SQLite 上でデータベースを操作します。

　個別でアセットを読み込むように変更した際、ブラウザ上から簡単にHTMLやCSSを確認することができます。ブラウザに組み込まれている**検証ツール**を使う方法です。検証ツールは、主要ブラウザに備わっており、ブラウザ上で右クリック時のメニューでMicrosoft Edgeであれば「要素の検査」、Google Chromeであれば「検証」を選択すると起動できます。

　以下は、Chromeで「http://localhost:3000/users」にアクセスして「Hello, world!」の上で検証ツールを立ち上げた様子です。直前で先程追加したスタイルシート／JavaScriptが読み込まれ、「Hello, world!」を囲むdivのクラスにusers-indexが追加されていることが確認できます。

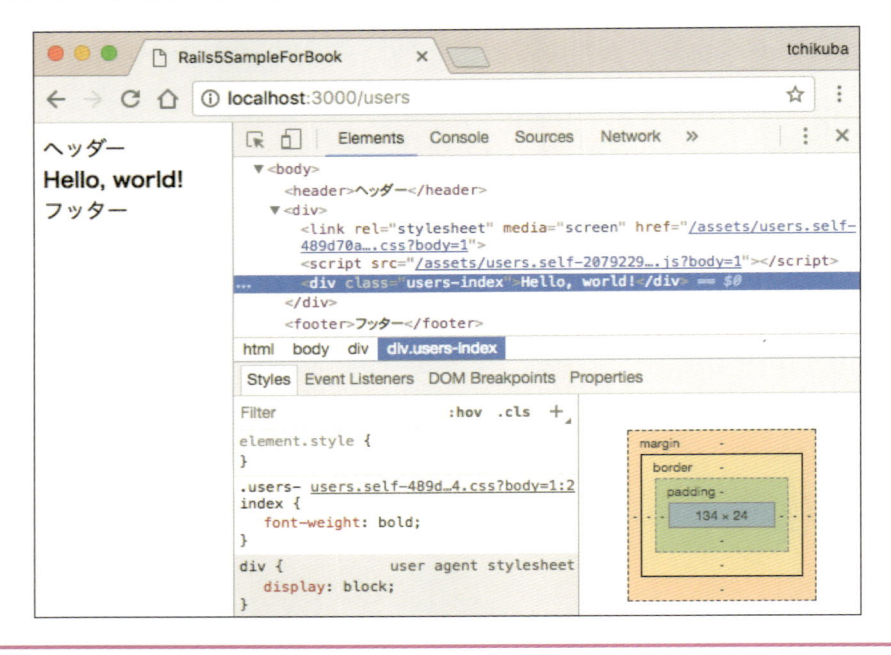

データベースの基本

データベースの
基本知識を学ぼう

webアプリの開発には、クライアント側の操作などによって変わるデータを保存しておくデータベースが欠かせません。**CHAPTER 5**では**Rails**のモデル経由でデータベースのデータを操作するため、本**CHAPTER**ではまず、その前提となるデータベースの基礎知識について解説します。

◎ データベースの概念をおさえる

◎ データベースの特徴

　webアプリにおける**データベース（DB）**は、データを整理して格納する保存先の役割を持ちます（CHAPTER 2のSECTION 02参照）。

　webアプリに限らず、一般的にデータベースというと、たとえば国語辞典や百科事典、電話帳など、特定の用途に応じて情報がまとめられているものの総称です。

　一方、コンピューターシステムにおけるデータベースは、より狭い意味で用いられます。

　データを整理して失われない形で格納する場所のことを**データベース（DB）**と呼びます。また、格納されたデータを効率的に取得・更新・削除したりするための手段を提供してくれるシステムのことを、**データベース・マネジメントシステム（DBMS）**と呼びます。

　DBMSはデータにアクセスするためのさまざまな機能を提供しています。主な機能は次のようなものです。

- データにアクセスするための言語を提供する
- データが壊れないように管理する
- データへのアクセス制限を管理する

図4-1 ▶ データベースの主な機能

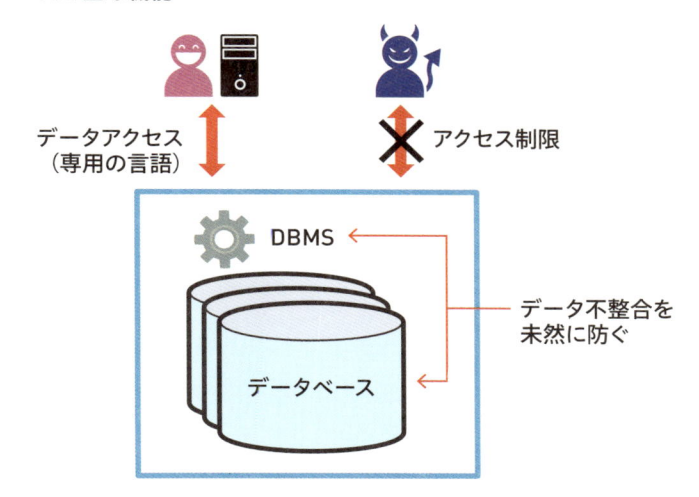

● データベースの種類

　コンピューターの歴史の中で、DBMSは比較的古くから存在しています。その歴史の中でさまざまなDBMSが考案されており、たくさんのDBMSがあります。その中でも現在主に利用されているDBMSは次のとおりです。

表4-1 ▶ データベースの種類

種類	特徴
リレーショナル・データベース（RDBMS）	現在最も広く用いられている。**テーブル**にデータをまとめ、複数のテーブルを関連付けして**SQL**と呼ばれる言語でデータを取り扱う。
オブジェクト・データベース（ODBMS）	オブジェクト形式で表現されたデータを格納するデータベース。その性質からオブジェクト指向プログラミング言語と深い関係がある。
NoSQL	RDBMSに対してリレーショナルではないDBMSの総称。テーブルを関連付けせず、データの格納や参照を高速化したものなどがある。RDBMSと並んで広く普及している。

　Railsでは、データベースを扱う場合、**RDBMS**を基本としています。RDBMSは略して**RDB**と呼ぶこともあります。

4

データベースの基本

Railsで扱うデータベースであるRDBについてより詳細に確認します。

◉ RDBとは

RDBの大きな特徴は次の2つです。

- データを**テーブル**と呼ばれる表形式で表し、複数のテーブルを関連付けすることでデータを取り扱う
- データの操作を行うためのデータベース言語として**SQL**を使用する

テーブルとは、エクセルで表現されるようなデータの見出しと1つ1つのデータの集合で構成されます。更にあるテーブルと別のテーブルを関連付けてデータを整理することができます。

SQL（エスキューエル）とは、RDBにおけるデータベースへ問い合わせるための言語（データベース言語）です。

図4-2 RDBの特徴

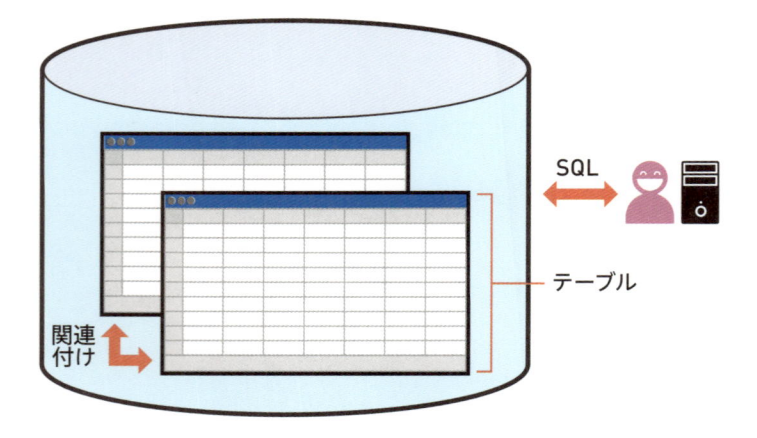

◉ テーブルの構造

RDBのデータベースにおいて、その実体は、複数のテーブルで構成されます。テーブルをまとめるのがデータベースです。データベース、テーブルともに固有の名前を付けて区別します。なお、Railsでは、1つのRailsアプリで1つのデータベースを取り扱うことが一般的です。

テーブルの個々の列のことを**カラム（フィールド）**、テーブルの1行のデータのことを**レコード（行）**と呼びます。

カラムには、区別するための名前である**カラム名**があります。名前以外にも、数値や文字列などのデータ形式を表す**データ型（単に型とも言う）**、データが存在しないことを許容するか、同じ値を取らないことを保障するか、などの設定を行うことができます。

レコードは、それぞれのカラムに対応する具体的なデータを指します。

図4-3 テーブルの構造

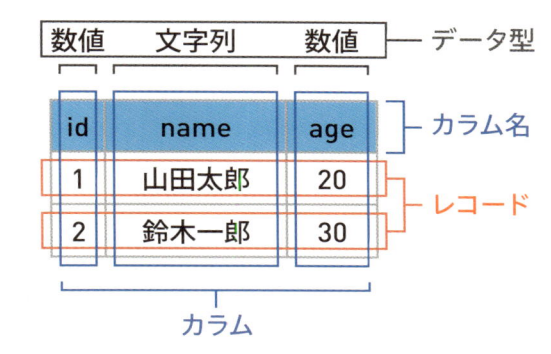

⦿ リレーション

RDBの特徴として、テーブルとテーブルを**関連付けできる点**が挙げられます。この「関連付け」のことを**リレーション**と呼びます。リレーションを用いることで、複数のテーブル間のデータがどう関わっているかを表現することができます。

たとえば、ユーザーを管理するusersテーブル、会社を管理するcompaniesテーブルが次のようなデータを持つとします。

表4-2 usersテーブル

id（ユーザーID）	name（ユーザー名）	company_name（会社名）
1	山田太郎	株式会社山田商事
2	鈴木一郎	株式会社鈴木工務店
3	鈴木次郎	株式会社鈴木工務店

表4-3 companies テーブル

id（会社ID）	name（会社名）
1	株式会社山田商事
2	株式会社鈴木工務店

このとき、ユーザーが所属する会社は1つのみとすると、リレーションを使ってusersテーブルを次のように表現することができます。

表4-4 リレーションを使った users テーブル

id（ユーザーID）	name（ユーザー名）	company_id（会社ID）
1	山田太郎	1
2	鈴木一郎	2
3	鈴木次郎	2

usersテーブルのcompany_idにcompaniesテーブルのidを格納することで、ユーザーの所属する会社を表現できるようになります。usersテーブルに会社名を直接持つより、会社IDを持つ方が、会社名が変更になった場合でもusersテーブルには変更を加える必要がない、などのメリットがあります。

このようにリレーションを使うことで効率的にデータを管理することができます。

4

データベースの基本

SECTION
02
SQLiteでデータベース上にテーブルを作成しよう

ここまで、データベースの基礎知識を解説しました。ここからは実際に**SQLite**を使ってデータベース上にテーブルを作成する手順を解説します。

◎ SQLについて理解を深める

◉ データーベース言語SQL

SQLは、RDBMSにおいてデータベースにアクセスするためのプログラミング言語の一種で、**データベース言語**とも呼ばれます。SQLによって作成されたデータベースへの命令は、**クエリ**とも呼ばれます。SQLの種類は、その処理内容によって大きく次の3つに分類されます。

表4-5 ▶ **SQL構文の種類**

クエリの種類	略称	処理内容
データ定義文	DDL (Data Definition Language)	データの入れ物であるデータベース・テーブルの作成・変更・削除などを行う。
データ制御文	DCL (Data Control Language)	データの更新を確定・キャンセルなどを行う。
データ操作文	DML (Data Manipulation Language)	テーブルへのデータの参照・作成・変更・削除などを行う。

特に**データ定義文（DDL）**と**データ操作文（DML）**はSQLの基本です。後ほど実際に実行して動作を確かめます。

◎ SQLite3でデータベース／テーブルを作成する

Railsのデフォルトでは、RDBとして **SQLite3**（CHAPTER 1のSECTION 05参照）が採用されています。なお、RailsがサポートするRDBには、SQLite3の他にも **PostgreSQL** と **MySQL** があります。SQLite3に比べてPostgreSQLとMySQLは別のサーバー上で動かすことができるなど、より本格的なwebアプリの開発に向いています。

ここではRailsがサポートするRDBの中でも、もっとも手軽に試すことのできるSQLite3を使って、次のようなデータベースやテーブルを作成します。

図 4-4 ▶ 作成するデータベース／テーブルのイメージ

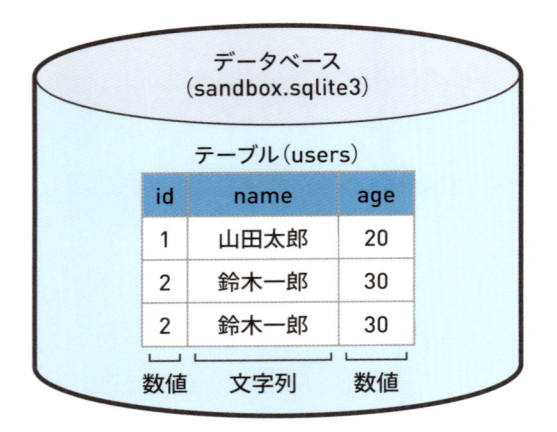

◎ データベースの作成

ターミナル上で次のコマンドを実行すると、引数に指定したdbフォルダ下に、sandbox.sqlite3という名前のデータベースを作成する準備がされます。

```
> sqlite3 db/sandbox.sqlite3
SQLite version 3.19.3 2017-06-08 19:09:39
Enter ".help" for usage hints.
sqlite>
```

実行すると、「sqlite>」というプロンプトが表示され、入力待ちの状態になります。

◉ テーブルの作成

次のSQLを実行して、idとnameをカラムに持つusersテーブルを作成します。実行した直後に、db/sandbox.sqlite3ファイルが作成されます。

```
sqlite> create table users(id integer, name text);
```

テーブルを作成するには **create table文** を使用します。create table文の構文は次のとおりです。

▶ create table 構文

> **書式** **create table テーブル名(カラム名1 型, カラム名2 型, ...);**
> --
> **概要** データベースに新規テーブルを作成します。

なお、SQL文は文末を **;（セミコロン）** で終わらせます。忘れないように入力してください。

◉ テーブルの削除

操作ミスなどで作り間違えた場合、テーブルを削除してから再作成してください。ここではテーブルを削除する方法を紹介します。テーブルを削除するには **drop table文** を使用します。

▶ drop talbe 構文

> **書式** **drop table テーブル名;**
> --
> **概要** データベースに既に存在するテーブルを削除します。

なお、テーブルに既にデータが存在する場合、そのデータも含めて削除されるので、実行する際には十分注意するようにしてください。

ここまでで、データベース上にテーブルを作成することができました。次からは、テーブルのデータを操作する方法を解説します。

4

データベースの基本

SECTION
03 基本のデータ操作文を理解しよう

これまで、**SQLite**でデータベース上にテーブルを作成する手順を確認しました。ここでは、テーブルのデータを操作する手順を解説します。

◎ データ操作文の種類

テーブルのレコードを操作するSQLには、次の4つの種類があります。

表4-6 データを操作するSQLの種類

SQLの種類	役割
insert文	テーブルにレコードを作成（Create）
select文	テーブルに格納されたレコードを参照（Read）
update文	テーブルに格納されたレコードを更新（Update）
delete文	テーブルに格納されたレコードを削除（Delete）

これらの4つの役割のことを、対応する英語の頭文字を順に取って、**CRUD（クラッド）**と呼びます。
先程作成したテーブルに対して、順にそれぞれのSQLを実行して動作を確認してみましょう。

◉ insert文

作成したテーブルにレコードを入れるには、**insert文**を使用します。
sqlite3のターミナル上で次のようなSQLを実行します。

```
sqlite> insert into users(id, name) values(1, '山田太郎');
sqlite> insert into users(id, name) values(2, '鈴木一郎');
sqlite> insert into users(id, name) values(3, '鈴木次郎');
```

insert文の構文は次のとおりです。

▶ **insert 構文**

> **書式** **insert into テーブル名(カラム名1, カラム名2, ...) values(値1, 値2, ...);**
>
> --
>
> **概要** 指定したテーブルにレコードを1つ格納します。指定したカラムと値の順序が一致している必要があります。

◉ select文

テーブルに格納したレコードを取り出すには、**select文**を使用します。
select文の基本的な構文は次のとおりです。

▶ **Select 構文**

> **書式** **select カラム名1, カラム名2, ... from テーブル名 where 条件式;**
>
> --
>
> **概要** 指定したテーブルに格納されているレコードのうち、条件式にマッチするものを指定したカラム分取り出します。
>
> **パラメータ** カラムを全て取り出す場合は＊（アスタリスク）を指定します。条件式のwhereは省略可能です。

実際にさまざまなselect文を実行してみます。

❶ カラムを指定してレコードを取り出す

sqlite3のターミナル上で次のようなSQLを実行します。

```
sqlite> select name from users;

山田太郎
鈴木一郎
鈴木次郎
```

このSQLは、**usersテーブルからnameカラムのレコードのみ取り出しなさい**という意味です。条件式のwhereが省略されているので、全てのレコードが対象になります。

❷ 全てのカラムを指定してレコードを取り出す

sqlite3のターミナル上で次のようなSQLを実行します。

```
sqlite> select * from users;

1|山田太郎
2|鈴木一郎
3|鈴木次郎
```

　idとnameの値が | （縦線）で区切られて出力されます。

　このSQLは、**usersテーブルから全てのレコードを取り出しなさい**という意味です。selectの後のカラム指定部分に*（アスタリスク）が指定されているので、全てのカラムの値を取得します。

COLUMN | **select結果にカラム名を表示する方法**

　select文を実行するとデフォルトではカラム名が表示されません。先程のusersテーブルのようにカラム数が少ない場合は大きな問題にはなりませんが、カラム名が多い場合は先頭にカラム名が表示された方が、表形式で出力されるのでわかりやすいです。

　select文の実行結果にカラム名を表示するには、次のように.headers onコマンドと.mode columnコマンドを実行した後、select文を実行します。

```
sqlite> .headers on
sqlite> .mode column
sqlite> select * from users;

id          name
----------  ------------
1           山田太郎
2           鈴木一郎
3           鈴木次郎
```

❸ 条件を指定してレコードを取り出す

sqlite3 のターミナル上で、次のような SQL を実行します。

```
sqlite> select * from users where id = 1;

1|山田太郎
```

このSQLは、**usersテーブルからidが1のレコードを取り出しなさい**という意味です。whereの後に id = 1 という条件式が指定されているので、idが1のレコードを取得します。

◎ update文

テーブルに格納したレコードを更新するには**update文**を使用します。
sqlite3 のターミナル上で次のような SQL を実行します。

```
sqlite> update users set name = '山田次郎' where id = 1;
sqlite> select * from users where id = 1;

1|山田次郎
```

update文の構文は次のとおりです。

▶ update 構文

> **書式** **update テーブル名 set カラム名1 = 値1, カラム名2 = 値2, ... where 条件式;**
> --
> **概要** 指定したテーブルに格納されているレコードのうち、条件式にマッチするものを指定した値で更新します。
>
> **パラメータ** 条件式のwhereは省略可能です。複数のレコードが一致した場合は、全ての値を書き換えてしまうので注意が必要です。

先程のSQLのうち1つ目のupdate文は、**idが1のレコードのnameカラムの値を'山田次郎'に書き換えなさい**という意味です。2つ目のselect文で該当するレコードを確認しています。実行の結果、nameカラムの値が書き換わっていることが確認できます。

◎ delete文

テーブルに格納したレコードを削除するには、**delete文**を使用します。

sqlite3のターミナル上で次のようなSQLを実行します。

```
sqlite> delete from users where id = 1;
sqlite> select * from users;

2|鈴木一郎
3|鈴木次郎
```

delete文の構文は次のとおりです。

▶ delete 構文

> **書式**　delete from テーブル名 where 条件式;
>
> --------
>
> **概要**　指定したテーブルに格納されているレコードのうち、条件式にマッチするものを削除します。
>
> **パラメータ**　条件式のwhereは省略可能です。複数のレコードが一致した場合は、全てのレコードを削除してしまうので注意が必要です。

以上、本CHAPTERでは、Railsのモデルを扱うための前提知識として、データベースの基礎知識に始まり、ターミナルからデータベース／テーブルを作成し、テーブル上のデータを操作する方法を学びました。

次のCHAPTERでは、今度はRailsから、データベース／テーブルを作成したり、データを操作したりする方法を解説します。

5

モデルの基本

データベースへの
接続設定をしよう

ここでは、Railsアプリのモデルとデータベースの関係を確認し、データを操作する前準備として、Railsアプリからデータベースに接続するための設定について解説します。また、Railsアプリから新たにデータベースを作成する手順も確認します。

◎ モデルとデータベースの関係を整理する

　Railsが提供する**モデル**は、原則としてデータベース上にあるテーブルと対応しており、テーブルのデータを簡単に操作する機能を提供します。たとえばmembersというテーブルは、Memberクラス（モデル）で操作します。モデルを使えば、SQLを直接記述することなく、わかりやすいRubyのコードでデータを操作できます。

　通常、Railsアプリ上で取り扱うデータベースは1つで、データベース上にあるテーブル毎に1つのモデルとしてデータを取り扱います。

図 5-1 ▶ モデルとデータベースの関係

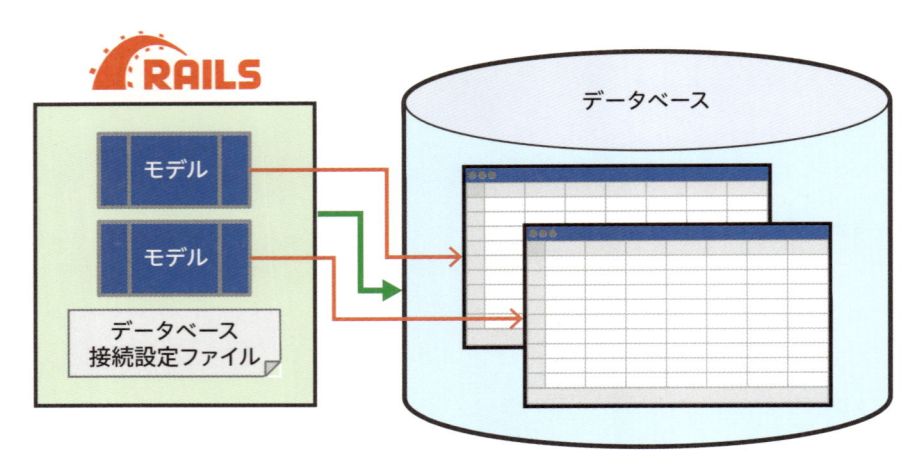

5
モデルの基本

本CHAPTERでは、まず、データベースの接続設定と、モデルの基本的な概念を確認します。その後、Railsアプリからモデルと対応するテーブルを作成します。更に、Railsアプリ上でテストデータを定義してテーブルに取り込んだり、モデルからテーブルのデータを操作することで、SQLを直接使わずにRailsアプリからデータを取り扱う利便性を体感していきます。

◎ データベース接続のための設定ファイルを確認する

Railsでは、データベースに接続するための設定ファイルが提供されています。設定ファイルはrails newコマンドを実行した時点で、自動でconfig/database.ymlとして作成されます。

拡張子.ymlは、**YAML（ヤムル）**と呼ばれるデータを整理するためのフォーマットで記述されたファイルです。Railsでは、configフォルダに設定ファイルがまとめられており、その多くがYAMLで記述されています。

なお、config/database.ymlは、DBMSに何を使うかによって書式が異なります。rails newコマンドに**-dオプション**で使用するデータベース（postgresqlまたはmysql）を指定すると、自動生成されるconfig/database.ymlの書式が指定したデータベースに最適化されます。

-dオプションを省略した場合は、sqlite3を使用することを前提とした、database.ymlが生成されます。

◉ SQLiteの場合に作成されるdatabase.yml

作成済の設定ファイルを確認しましょう。コメントを除くと次のように記述されています。

リスト5-1 config/database.yml

```
007:  default: &default
008:    adapter: sqlite3
009:    pool: <%= ENV.fetch("RAILS_MAX_THREADS") { 5 } %>
010:    timeout: 5000
011:
012:  development:
013:    <<: *default
014:    database: db/development.sqlite3
           中略
019:  test:
020:    <<: *default
021:    database: db/test.sqlite3
022:
023:  production:
024:    <<: *default
025:    database: db/production.sqlite3
```

5

モデルの基本

Railsには動作する環境が3つ（development／test／production）用意されており、それぞれ用途によって使い分けます。Railsのデフォルトの設定では、development環境が採用されます。

database.ymlには、それぞれの環境ごとの設定と共通設定が定義されています。

表5-1 ▶ Railsが動作する環境の種類

動作環境	database.ymlの設定名	用途
開発環境	development	開発時に使用（デフォルト）
テスト環境	test	自動テスト実行時に使用
本番環境	production	開発済のRailsアプリを本番サーバー上で稼働する際に使用

5

モデルの基本

なお、database.ymlのdefaultの定義部分は全ての環境に共通の設定が記述されています。database.ymlの各設定項目の意味は次のとおりです。

表5-2 **database.yml の設定項目**

設定項目	設定内容
adapter	データベース接続に使用する gem
pool	コネクションプーリングで使用するコネクションの上限数
timeout	データベースからの応答待ちの上限時間（ミリ秒単位）
database	データベース名

コネクションプーリングとは、データベースへの接続をアクセスの度ごとに一から行うのではなく、データベース接続（コネクション）をアプリ側で保持して使いまわす仕組みです。データベースへの接続を毎回一から行うとサーバーに負荷がかかるのですが、これを使いまわすことでサーバーの負荷を軽減できます。

図5-2 **コネクションプーリングとは**

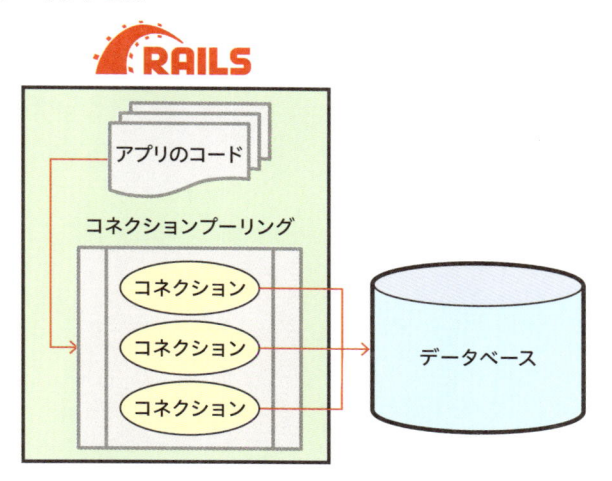

database.ymlの <%= ENV.fetch("RAILS_MAX_THREADS") { 5 } %> という設定は、ERB（CHAPTER 3のSECTION 01参照）形式で記述されており、**RAILS_MAX_THREADS環境変数が指定されていたらその値、指定されていなければ5**という意味です。

RAILS_MAX_THREADS環境変数は、Railsで起動するwebサーバーであるPuma（CHAPTER 2のSECTION 01参照）のスレッド数を表します。

◎ データベースを事前に作成する

先程も解説したとおり、手元のPCでRailsアプリを開発する際は、通常Railsを開発環境として動作させるのが一般的です。database.ymlの開発環境用の設定を確認すると、db/development.sqlite3が指定されています。

SQLite3ではデータベース名がファイル名となります（**CHAPTER 4**の**SECTION 02**参照）。既に紹介した手順のとおり、ターミナル上で直接データーベースを作成しても良いのですが、Railsではデータベース作成用のrails db:createコマンドが用意されています。

このコマンドを実行してデータベースを作成します。

```
> rails db:create
Created database 'db/development.sqlite3'
Created database 'db/test.sqlite3'
```

実行後、dbフォルダ配下に、development.sqlite3とtest.sqlite3が作成されていることが確認できます。

5

モデルの基本

SECTION
02

O/Rマッピングの基本を
理解しよう

Railsなどのアプリケーション・プログラムからデータベースへアクセスする場合、直接SQLを実行するより、効率的にアクセスできる仕組みがあります。これらの仕組みについて解説します。

◎ O/Rマッピングとは

O/R（Object/Relational）マッピングとは、オブジェクト指向プログラミング言語からRDBにアクセスする際の架け橋となる仕組みのことです。プログラミング言語で扱うクラスやオブジェクトと、RDBで扱うテーブル同士のリレーション（**CHAPTER 4**の**SECTION 01**参照）は、異なる仕組みです。

この、データに関する処理を行うプログラムと、データを保存するRDBの構造の違いを吸収するために考えられたのがO/Rマッピングです。

図5-3 ▶ O/Rマッピング

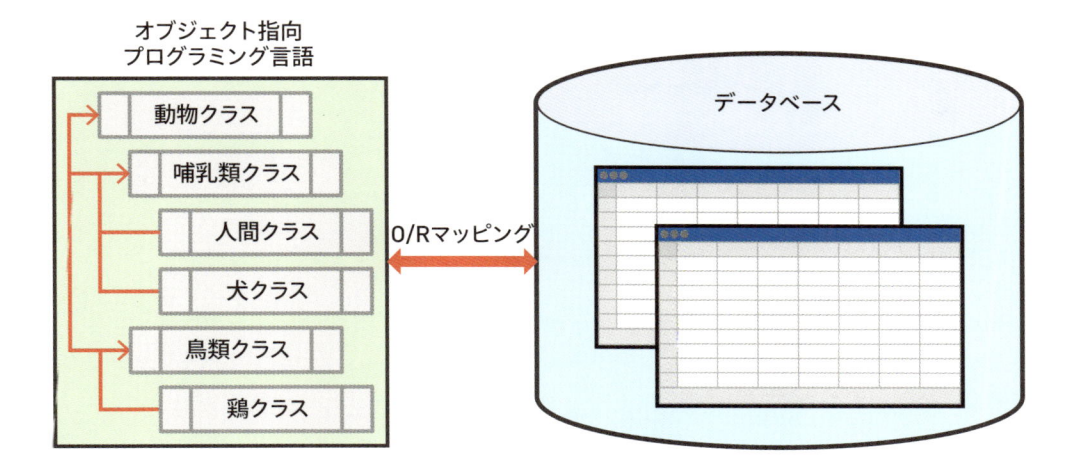

5

モデルの基本

◎ ActiveRecord（アクティブレコード）とは

O/Rマッピングの考え方に基づいて実装されたライブラリのことを**O/Rマッパー**と呼びます。**ActiveRecord（アクティブレコード）**は、Railsが採用するO/Rマッパーです。Railsでは、テーブルごとに作成された**モデルクラス**を通じてデータベースに接続します。

ActiveRecordはたくさんの機能を備えています。次は代表的なActiveRecordの機能です。

- SQLを書かなくても、データの検索／登録／更新／削除が可能
- RDBの関連付けをモデルクラスの関連付けとして表現できるようにする
- データの検証機能を提供

図5-4 ▶ **ActiveRecord**の概念図

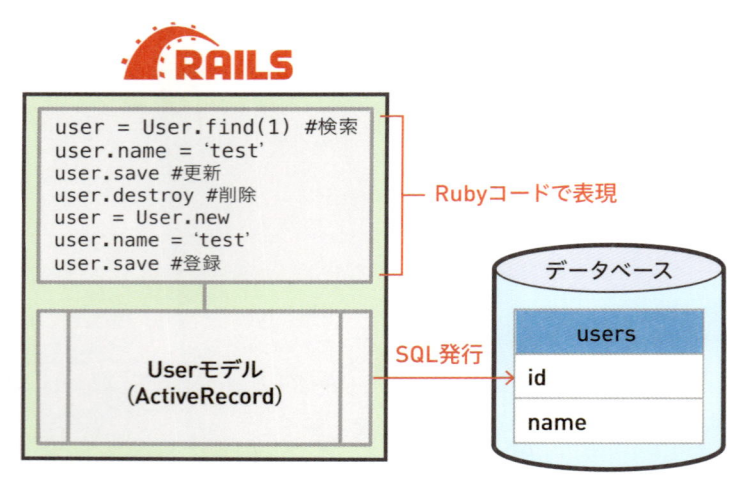

◉ モデルクラスとテーブルの命名ルール

ActiveRecordは、モデルクラス名とテーブル名に一定のルールが設けられています。モデルクラス名は単数形、テーブル名は複数形で表現する決まりです。たとえば、モデルクラス名がUserなら、対応するテーブル名はusersとなります。

また、2つ以上の単語を組み合わせたモデルクラス名の場合、テーブル名はアンダースコアで繋げた最後の単語を複数形とする決まりです。たとえば、モデルクラス名がUserItemなら、対応するテーブル名はuser_itemsとなります。

> **COLUMN** | 継承とは
>
> すべてのモデルクラスはActiveRecordを継承しています。
>
> **継承**とは、Rubyがプログラミング言語として持つ機能で、あらかじめ定義したクラスの機能を新しいクラスに引き継ぐことを指します。RailsではActiveRecordの機能は全てActiveRecord::Baseクラスを継承することで使うことができます。
>
> Rubyでは、元のクラス（OriginalClass）を継承した新たなクラス（SuperClass）を定義する場合、次のように記述します。

```
001:   class SuperClass < OriginalClass
002:     # メソッドを記述
003:   end
```

> **COLUMN** | キャメルケース／スネークケース
>
> UserItemのように、単語の区切りを大文字にする表記方法を**キャメルケース**（**CamelCase**）と呼びます。Rubyでは、クラス名の命名規則が該当します。
>
> 一方、user_itemsのように、単語の区切りをアンダースコアにする表記方法を**スネークケース**（**snake_case**）と呼びます。Rubyでは、変数の命名規則が該当します。

◉ テーブルのカラム名の命名ルール

ActiveRecordでは、レコードを識別するためのカラム名は、デフォルトでidとなります。ActiveRecordを通してテーブルを新規作成すると、idというカラムは特に指定する必要がなく、自動的に追加されます。

また、created_at、updated_atというカラムも同様に自動的に追加されます。created_atはレコード作成（insert）時の日時、updated_atはレコード更新（update）時の日時が自動的に設定されます。

SECTION
······
03 モデルクラスを作成しよう

ActiveRecordを使ったモデルクラスを作成する方法を解説します。まず、モデルクラスとテーブル定義ファイルを作成するための専用のコマンドを実行し、自動生成された主なファイルを確認します。次に、テーブルを新規作成する専用のコマンドを実行し、定義通りにテーブルが作成されていることを確認します。

5

モデルの基本

◎ マイグレーションとは

　ActiveRecordによるモデルクラスを作成するには、rails g model コマンドを使用します。このコマンドを実行すると、モデルクラスだけでなく、テーブル作成のSQLを実行するための**マイグレーションファイル**も作成されます。

　Railsにおける**マイグレーション**とは、テーブルの新規作成やテーブルの構造の変更を簡単に管理する仕組みです。

　また、マイグレーションを使うことで、DBMSによって異なるテーブル定義のSQLを、DBMSによらず同じ定義方法で記述することができます。

▶ rails g model コマンド

書式	**rails g model モデル名 カラム名1:データ型1 カラム名2:データ型2 ...**

概要	指定したモデルクラスとマイグレーションファイルを作成します。
パラメータ	**モデル名**　モデルクラスの名前 **カラム名**　対応するテーブルが持つカラム名 **データ型**　指定したカラムのデータ型

　データ型は、DBMSのテーブルにおけるデータ型（CHAPTER 4のSECTION 01参照）に近い形式です。ただ、DBMS毎に指定できるデータ型が違う場合があり、その差異をRailsが吸収する形でDBMSに最適

なSQLに変換されます。そのため、マイグレーションで指定するデータ型はDBMSのデータ型とは異なる点もあります。

マイグレーションで指定できる主なデータ型は次のとおりです。

表5-3 ▶ マイグレーションで指定できる主なデータ型

種類	意味	SQLiteのデータ型
integer	整数	integer
float	小数	real
string	固定長文字列	varchar
text	固定長でない文字列	text

◎ モデル／マイグレーションを新規作成する

rails g model コマンドを実行してモデルクラスと対応するテーブルを作成するためのマイグレーションファイルを作成します。ここでは、後ほど開発する日記アプリ用に使うDiaryモデルクラスを作成します。日記には、タイトルと本文があるのが一般的です。カラム名はtitle、bodyとします。

◉ rails g model コマンドの実行

ターミナル上で次のコマンドを実行します。

```
> rails g model Diary title:string body:text
      invoke   active_record
      create       db/migrate/20170804074153_create_diaries.rb ————❶
      create       app/models/diary.rb ————❷
      invoke   test_unit
      create        test/models/diary_test.rb ————❸
      create        test/fixtures/diaries.yml ————❹
```

実行の結果、最初のcreateと表示されているファイルがマイグレーションファイルです（❶）。このようにマイグレーションファイルはdb/migrate/配下に作成され、ファイル名は作成された日時が接頭辞（prefix）として付与されます。その後に_create_テーブル名が続きます。Diaryモデルクラスに対応するテーブル名が、diariesであることに注目してください。

実行結果の2つ目のcreateと表示されているファイルがモデルクラスです。このようにモデルクラスはapp/models/配下に作成されます（❷）。

invoke test_unit以下の2つのファイルは、1つ目のdiary_text.rbはモデルクラスのテストコードのひな形（❸）、2つ目のdiaries.ymlは**フィクスチャ**と呼ばれるテストデータを作成するためのひな形です（❹）。

◉ マイグレーションファイルの確認

コマンド実行の結果、自動生成されたマイグレーションファイルの中身を確認します。

リスト 5-2 ▶ **db/migrate/20170804074153_create_diaries.rb**

```
001:  class CreateDiaries < ActiveRecord::Migration[5.1]
002:    def change
003:      create_table :diaries do |t|
004:        t.string :title
005:        t.text :body
006:
007:        t.timestamps
008:      end
009:    end
010:  end
```

マイグレーションファイルはRubyのクラスとして定義され、ActiveRecord::Migration[5.1]を継承して記述します。5.1はRailsのバージョンで、コマンド実行時点のバージョンが自動的に付与されます。

あとでマイグレーション用のコマンドを実行すると、テーブル作成の処理が記述されているchangeメソッドが実行されます。配下に書かれているcreate_tableメソッドの書式は次のとおりです。

▶ **create_table メソッド**

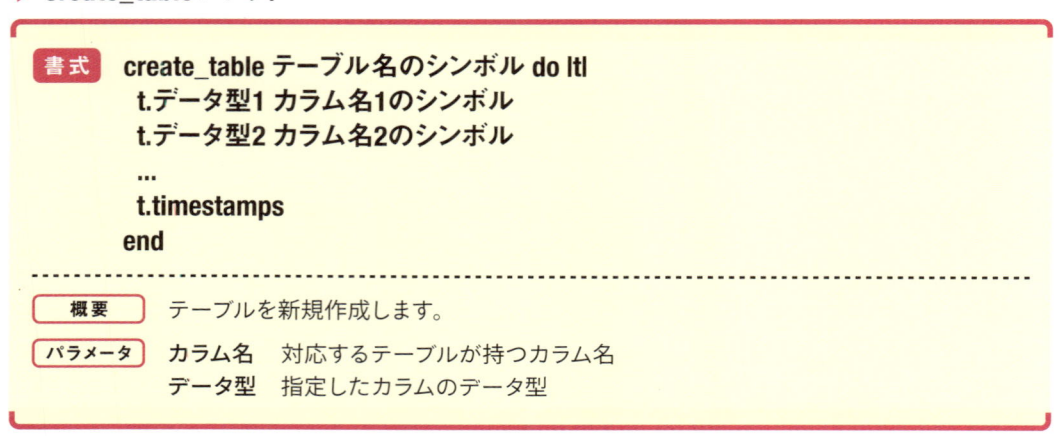

書式 **create_table テーブル名のシンボル do |t|**
    t.データ型1 カラム名1のシンボル
    t.データ型2 カラム名2のシンボル
    ...
    t.timestamps
end

概要 テーブルを新規作成します。

パラメータ **カラム名** 対応するテーブルが持つカラム名
データ型 指定したカラムのデータ型

なお、t.timestampsという記述は特殊で、作成するテーブルにcreated_atとudpated_atというカラムを作成するためのものです。

◉ モデルクラスの確認

次に、自動生成されたモデルクラスを確認します。

リスト **5-3** ▶ **app/models/diary.rb**

```
001:   class Diary < ApplicationRecord
002:   end
```

ApplicationRecordクラスを継承したDiaryクラスが定義されています。処理は特に記述されていませんが、このモデルクラスがあるだけでRailsアプリ上からdiariesテーブルにアクセスできるようになります。

合わせて、rails newコマンドを実行した時点で既に作成されているApplicationRecordクラスのファイルも確認しておきましょう。

リスト **5-4** ▶ **app/models/application_record.rb**

```
001:   class ApplicationRecord < ActiveRecord::Base
002:     self.abstract_class = true
003:   erd
```

ApplicationRecordクラスは、モデルクラス間でアプリ共通の設定を記述するためのクラスです。先ほども触れたように、ActiveRecord::BaseクラスというActiveRecordの基本機能を提供するクラスを継承しているので、このApplicationRecordクラスを継承することで、ActiveRecordの基本機能がすべて利用できるという意味になります。

self.abstract_class = trueという記述は、あるモデルクラスを継承して別のモデルクラスを定義した場合に、元のモデルクラスが存在しない場合でもエラーが発生しないようにするための設定です。まずは、決まり事として覚えておけば構いません。

◎ マイグレーションを実行してテーブルを作成する

rails g modelコマンドを実行した時点では、モデルクラスとマイグレーションファイルが作成されるだけで、データベース上に必要なテーブルはまだ作成されていません。マイグレーションファイルに基づいて実際にデータベース上にテーブルを作成するにはマイグレーションコマンドを使用します。

5

モデルの基本

◉ マイグレーションコマンドの実行

マイグレーション用のコマンドは rails db:migrate コマンドとして提供されています。rails db:migrate コマンドを実行します。

```
> rails db:migrate
== 20170804074153 CreateDiaries: migrating =========================================
-- create_table(:diaries)
   -> 0.0025s
== 20170804074153 CreateDiaries: migrated (0.0034s) ================================
```

実行が正常に終了すると、データベースにテーブルが新規作成されます。

◉ データベース用コンソールを起動

実際にテーブルが作成されていることを確認しましょう。確認は CHAPTER 4 で確認した手順のように、sqlite3 コマンドを使用してデータベースに接続しても良いのですが、Rails にはデータベースに接続するための rails dbconsole コマンドが提供されていますのでこちらを使用します。

```
> rails dbconsole
SQLite version 3.19.3 2017-06-08 14:26:16
Enter ".help" for usage hints.
sqlite>
```

これで Rails アプリが使用するデータベースに接続されます。ここでは開発環境用のデータベースである development.sqlite3 に接続されます。ターミナル上では sqlite の入力待ちの状態になります。

◉ テーブルが作成されていることを確認

データベースコンソール上で、先程実行したマイグレーションコマンドによって diaries テーブルが作成されていることを確認します。テーブルの存在確認は .tables コマンドを使用します。

● **実行前**
```
sqlite> .tables
```

● **実行後**
```
ar_internal_metadata diaries schema_migrations
```

実行の結果、diariesテーブルが存在することが確認できます。

なお、ar_internal_metadataテーブルは、データベースを誤って削除してしまわないようにするために参照されるテーブルです。schema_migrationsテーブルは、マイグレーションのバージョン管理のためのテーブルです。いずれもRailsが自動生成するテーブルです。

◉ テーブル構造を確認

作成されたdiariesテーブルの構造も確認しておきましょう。

SQLiteでテーブル構造を確認するには.schemaコマンドを使用します。引数にテーブル名を指定すると、該当のテーブルを作成するSQLを確認することができます。引数を省略すると、データベースにある全てのテーブルを作成するSQLを確認できます（読みやすいように改行とインデントを加えています）。

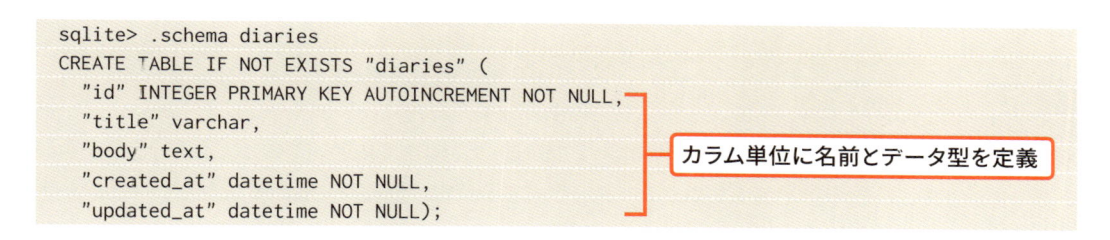

```
sqlite> .schema diaries
CREATE TABLE IF NOT EXISTS "diaries" (
  "id" INTEGER PRIMARY KEY AUTOINCREMENT NOT NULL,
  "title" varchar,
  "body" text,
  "created_at" datetime NOT NULL,
  "updated_at" datetime NOT NULL);
```

カラム単位に名前とデータ型を定義

CREATE TABLE命令の細かな構文については割愛しますが、おおよそdiariesテーブルが次のように定義されていることが見て取れるでしょう。

表5-4 ▶ diaries テーブルの定義

カラム名	データ型
id	integer（自動連番）
title	varchar
body	text
created_at	datetime
updated_at	datetime

5

モデルの基本

テストデータを準備しよう

ここでは、新規作成されたテーブルに、動作確認用のテストデータを格納する方法を解説します。まず、あらかじめ作成されたテストデータ用のひな型ファイルを確認し、テストデータを修正します。その上で、定義したテストデータを取り込む専用のコマンドを実行し、実際にテストデータが取り込まれていることを確認してみましょう。

◎ フィクスチャとは

Rails アプリを開発中に、動作確認をするために最低限必要なテスト用のデータを準備したい場合があります。このような用途で使うためのデータを定義する仕組みとして、Rails には**フィクスチャ**があります。

Rails のフィクスチャは、test/fixtures/配下に、各テーブル名ごとの YAML ファイルとして定義します。

ここまでの手順で、rails g model コマンドで diaries.yml が作成されているはずなので、まずはその内容を確認します。

リスト 5-5 **test/fixtures/diaries.yml**

```
001:   # Read about fixtures at http://api.rubyonrails.org/classes/ActiveRecord/FixtureSet.html
002:
003:   one:
004:     title: MyString
005:     body: MyText
006:
007:   two:
008:     title: MyString
009:     body: MyText
```

one と two という 2 つのレコードがあり、それぞれ title カラムには MyString という文字列が、body カラムには MyText という文字列が指定されています。まずは、マイグレーションの定義から、最低限の初期値が準備されているのです。

◎ テストデータを定義する

先程確認した rails g model コマンドで自動生成された diaries テーブル用のテストレコードを修正して、テストデータを定義します。

次のようにテストデータを修正します。

リスト 5-6 修正した test/fixtures/diaries.yml

```
003: one:
004:   id: 1
005:   title: 今日は終日休暇
006:   body: 今日は仕事を休んで、公園で読書を楽しんだ。
007:
008: two:
009:   id: 2
010:   title: 今日の天気
011:   body: 今日は雨が降った後、虹が出ていて綺麗だった。
```

id カラムは自動連番で勝手にデータが入力されますが、その場合、振られる番号がわからないので、自分できちんと割り当てておいた方が動作確認に際しては便利です。

◎ テストデータを取り込む

用意した動作確認用のテストデータを取り込むには rails db:fixtures:load コマンドを実行します。

```
> rails db:fixtures:load
```

実行後、テストデータがテーブルに格納されていることを確認します。

先程と同様、データベースコンソールを起動し、次のselect文を実行します。

```
sqlite> select * from diaries;
1|今日は終日休暇|今日は仕事を休んで、公園で読書を楽しんだ。
 |2017-08-04 09:41:57.256304|2017-08-04 09:41:57.
256304
2|今日の天気|今日は雨が降った後、虹が出ていて綺麗だった。
 |2017-08-04 09:41:57.256304|2017-08-04 09:41:57.25
6304
```

定義したテストデータが格納されていることが確認できます。

モデルクラスにアクセスしよう

ここでは、実際にモデルクラスを使ってデータベース上のデータにアクセスする方法を解説します。まずは、あらかじめ用意したデータを参照する方法を見た後、データを新規に作成したり、更新／削除したりする方法を確認します。

◎ Railsコンソール

　Railsアプリ上でコードを実行するために、最初からコントローラーにコードを書いても良いのですが、ブラウザを介さずもっと手軽に動作確認をしたい場合があります。このような用途に向いているのが、**Railsコンソール**です。Railsコンソールはrails consoleというコマンドで提供されており、対話的にRailsのコードを試すことができます。なおrails consoleは省略してrails cでも実行できます。

```
> rails c
Loading development environment (Rails 5.1.2)
irb(main):001:0>
```

　実行するとRubyのコードを対話的に試すことのできるirbが起動します。このirb上で、Railsを前提とするコードを試すことができます。

◎ モデルクラスからレコードを参照する

まずは既に格納したテストデータをモデルクラスを通して参照（Read）してみましょう。

◉ レコードを全て取り出す

全てのdiariesテーブルのレコードをモデルクラスで取得するにはallメソッドを使います。

```
irb(main):002:0> Diary.all
  Diary Load (5.1ms)  SELECT  "diaries".* FROM "diaries" LIMIT ?  [["LIMIT", 11]]
=> #<ActiveRecord::Relation [
  #<Diary id: 1, title: "今日は終日休暇", body:
  "今日は仕事を休んで、公園で読書を楽しんだ。",
  created_at: "2017-08-04 09:55:27", updated_at: "2017-08-04 09:55:27">,
  #<Diary id: 2, title: "今日の天気", body:
  "今日は雨が降った後、虹が出ていて綺麗だった。",
  created_at: "2017-08-04 09:55:27", updated_at: "2017-08-04 09:55:27">
]>
```

実行されたSQL

1件目のデータ

2件目のデータ

実行するとRailsコンソール上に実行されたSQLと取得したデータが表示されます（読みやすいよう、改行とインデントを加えています）。先程フィクスチャを使って用意したデータが取得できていることが確認できます。

◉ idを指定してレコードを取り出す

idを指定してレコードを取り出すにはfindメソッドを使います。引数にidの値を指定します。

```
irb(main):004:0> Diary.find(1)
  Diary Load (0.0ms)  SELECT  "diaries".* FROM "diaries" WHERE "diaries"."id" =
  ? LIMIT ?  [["id", 1], ["LIMIT", 1]
]
=> #<Diary id: 1, title: "今日は終日休暇", body: "今日は仕事を休んで、公園で読書を楽しんだ。
", created_at: "2017-08-04 09:55:27", updated_at: "2017-08-04 09:55:27">
```

diariesテーブルのidが1に該当するレコードを取得できていることが確認できます。

◉ カラムの値を取得する

モデルクラスのインスタンスを変数に代入してカラムを指定して値を表示します。
まず、diary変数に先程のレコードを代入します。

```
irb(main):005:0> diary = Diary.find(1)
```

代入した変数にカラム名をRubyのメソッド形式でドットで繋げて、呼び出すことができます。

```
irb(main):006:0> diary.id
=> 1
```

5

モデルの基本

```
irb(main):007:0> diary.title
=> "今日は終日休暇"
```

```
irb(main):008:0> diary.body
=> "今日は仕事を休んで、公園で読書を楽しんだ。"
```

◎ モデルクラスからレコードを作成する

モデルクラスに用意されたメソッドでテーブルに新しいレコードを作成（Create）します。レコードを作成するには、new メソッドでモデルクラスのインスタンスを生成して値をセットし、最後に save メソッドを呼び出します。

一連の流れを Rails コンソール上で確認してみましょう。

◉ モデルクラスのインスタンスを生成

まず Diary クラスのインスタンスを生成し、変数に格納します。

● **実行前**

```
irb(main):001:0> diary = Diary.new
```

● **実行後**

```
=> #<Diary id: nil, title: nil, body: nil, created_at: nil, updated_at: nil>
```

◉ カラムの値をセット

次のようにカラムの値をそれぞれ指定します。

```
irb(main):002:0> diary.id = 3
=> 3

irb(main):003:0> diary.title = 'This is title.'
=> "This is title."

irb(main):004:0> diary.body = 'This is body.'
=> "This is body."
```

◉ save メソッドを実行

save メソッドを実行するとレコードがテーブルに格納されます。

```
irb(main):005:0> diary.save
   (0.0ms)  begin transaction
  SQL (6.0ms)  INSERT INTO "diaries" ("id", "title", "body", "created_at",
  "updated_at") VALUES (?, ?, ?, ?, ?)  [["id", 3], ["title", "This is title."],
  ["body", "This is body."], ["created_at", "2017-08-04 10:54:02.179511"],
  ["updated_at", "2017-08-04 10:54:02.179511"]]
   (7.3ms)  commit transaction
=> true
```

コンソールにはデータを作成する insert 文が表示されます。また、save メソッドは正常終了すると true を返します。

◉ データが存在することを確認

id = 3 のレコードを追加したので、find メソッドを使ってレコードがテーブルに存在していることを確認します。

```
irb(main):010:0> Diary.find(3)
  Diary Load (1.3ms)  SELECT  "diaries".* FROM "diaries" WHERE "diaries"."id" = ? LIMIT
  ?  [["id", 3], ["LIMIT", 1]
]
=> #<Diary id: 3, title: "It is title.", body: "This is body.", created_at:
"2017-08-04 10:54:02", updated_at: "2017-08-04 11:08:32">
```

◎ モデルクラスからレコードを更新する

モデルクラスに用意されたメソッドで既存のレコードを更新（Update）します。レコードを更新するには、find メソッドでモデルクラスのインスタンスを取得して値をセットし、最後に save メソッドを呼び出します。

基本的な流れはレコードの作成時と変わりません。

```
irb(main):007:0> diary = Diary.find(3)
irb(main):008:0> diary.title = 'It is title.'
irb(main):009:0> diary.save
```

5

モデルの基本

データの更新後に再度同じレコードをfindすると、データが更新されていることが確認できます。

```
irb(main):010:0> Diary.find(3)
  Diary Load (1.3ms)  SELECT  "diaries".* FROM "diaries" WHERE "diaries"."id" = ? LIMIT
  ?  [["id", 3], ["LIMIT", 1]
]
=> #<Diary id: 3, title: "It is title.", body: "This is body.", created_at: "2017-08-04
10:54:02", updated_at: "201
7-08-04 11:08:32">
```

モデルクラスに用意されたメソッドで既存のレコードを削除(Delete)します。レコードを削除するには、モデルクラスのインスタンスからdestroyメソッドを呼び出します。

```
irb(main):014:0> diary = Diary.find(3)
  Diary Load (0.5ms)  SELECT  "diaries".* FROM "diaries" WHERE "diaries"."id" = ? LIMIT
  ?  [["id", 3], ["LIMIT", 1]
]
=> #<Diary id: 3, title: "It is title.", body: "This is body.", created_at: "2017-08-04
10:54:02", updated_at: "2017-08-04 11:08:32">

irb(main):015:0> diary.destroy
   (0.0ms)  begin transaction
  SQL (4.5ms)  DELETE FROM "diaries" WHERE "diaries"."id" = ?  [["id", 3]]
   (12.0ms)  commit transaction
=> #<Diary id: 3, title: "It is title.", body: "This is body.", created_at: "2017-08-04
10:54:02", updated_at: "2017-08-04 11:08:32">
```

レコードを削除した後にid = 3のレコードを参照しようとするとエラーが発生します。

```
irb(main):016:0> Diary.find(3)
  Diary Load (0.5ms)  SELECT  "diaries".* FROM "diaries" WHERE "diaries"."id" = ? LIMIT
  ?  [["id", 3], ["LIMIT", 1]
]
ActiveRecord::RecordNotFound: Couldn't find Diary with 'id'=3
        from (irb):16
```

　以上、本 CHAPTER では、モデルとデータベースに関する基本的な概念を学ぶと共に、マイグレーション／フィクスチャを使ってデータベースを準備しました。また、Rails コンソールによって、モデルクラスからデータを参照／登録／更新／削除する方法を学びました。

以上の知識をもとにして、次の CHAPTER からは、基本的な Rails サンプルアプリとして、日記アプリの作成に着手していきます。

COLUMN | レコード作成時の別の書き方

　モデルクラスを使ってテーブルにレコードを作成する方法は他にもあります。ここでは、次の 2 つの方法を紹介します。

❶ create メソッドを使う

　create メソッドは、ActiveRecord が提供するメソッドで値のセットとデータの保存を同時に行います。次のように使用します。

```
irb(main):001:0> diary = Diary.create(id: 3, title: 'This is title.', body: 'This
is body.')
   (0.1ms)  begin transaction
  Diary Create (0.6ms)  INSERT INTO "diaries" ("id", "title", "body", "created_
  at", "updated_at") VALUES (?, ?, ?, ?, ?)  [["id", 3], ["title", "This is
  title."], ["body", "This is body."], ["created_at", "2018-01-04 06:25:53.
  360883"], ["updated_at", "2018-01-04 06:25:53.360883"]]
   (2.9ms)  commit transaction
=> #<Diary id: 3, title: "This is title.", body: "This is body.", created_at:
"2018-01-04 06:25:53", updated_at: "2018-01-04 06:25:53">
```

create メソッドが正常に実行された場合、作成したレコードのオブジェクトを返します。

```
irb(main):002:0> diary
=> #<Diary id: 3, title: "This is title.", body: "This is body.", created_at:
"2018-01-04 06:25:53", updated_at: "2018-01-04 06:25:53">
```

❷ new メソッドの結果をブロックに渡して値をセットする

　new メソッドの結果をブロックに渡して、ブロック内でまとめて代入を行うことも可能です。

```
irb(main):001:0> diary = Diary.new do |d|
irb(main):002:1*   d.id = 3
irb(main):003:1>   d.title = 'This is title.'
irb(main):004:1>   d.body = 'This is body.'
irb(main):005:1> end
=> #<Diary id: 3, title: "This is title.", body: "This is body.", created_at: nil,
updated_at: nil>
```

5

モデルの基本

save メソッドを呼び出すとテーブルにレコードが保存されます。

```
irb(main):006:0> diary.save
   (0.1ms)  begin transaction
  Diary Create (0.5ms)  INSERT INTO "diaries" ("id", "title", "body", "created_
at", "updated_at") VALUES (?, ?, ?, ?, ?)  [["id", 3],
["title", "This is title."], ["body", "This is body."], ["created_at",
"2018-01-04 09:09:28.304920"], ["updated_at", "2018-01-04 09:09:28.304920"]]
   (2.5ms)  commit transaction
=> true
```

6

日記アプリの作成
（表示編）

Scaffoldingで
アプリのひな型を作成しよう

Railsには、アプリのひな型を簡単に作成することのできる、Scaffolding機能が備わっています。
Scaffoldingの理解を深め、実際に使ってRailsアプリのひな型を作成していきましょう。

◎ これからどんな日記アプリを開発していくのかを理解する

　ここまで、日記アプリで使うためのDiaryモデルを新規作成し、動作確認用のテストデータを用意したり、モデルクラスからレコードを参照／登録／更新／削除する方法を確認しました。

　ここからはRailsに予め備わっている **Scaffolding機能** を利用して、実際にwebブラウザ上から日記を参照／登録／更新／削除することができるwebアプリを開発していきます。

　まずは本CHAPTERで、RailsのScaffolding機能とは何かを確認し、実際にScaffoldingを使って日記アプリのひな型を作成します。次に、日記データを参照する動作を確認しながら、動作を定義している箇所のプログラムへの理解を深めます。更に、日記データを表示する部分に関わる見た目を修正します。

　CHAPTER 7では、日記データを登録／更新／削除する動作を確認しながら、同様に動作を定義している箇所のプログラムへの理解を深めます。

　CHAPTER 8では、日記データを登録／更新する際に検証ルールを追加して、日記アプリを完成させます。

◎ アプリのひな型を作成するScaffoldingを理解する

◎ Scaffoldingとは

　Scaffolding（スキャフォールディング） とは、Railsに備わっている機能の1つで、アプリのひな型を作成するための機能です。**scaffold** とは英語で「足場」という意味で、まさにRailsアプリの「足場」を提供するために、ジェネレーターコマンドの1つとして、rails g scaffoldコマンドが提供されています。

　このコマンドを実行すると、データを参照／登録／更新／削除するための一連の画面が生成されます。

図6-1 Scaffoldingとは

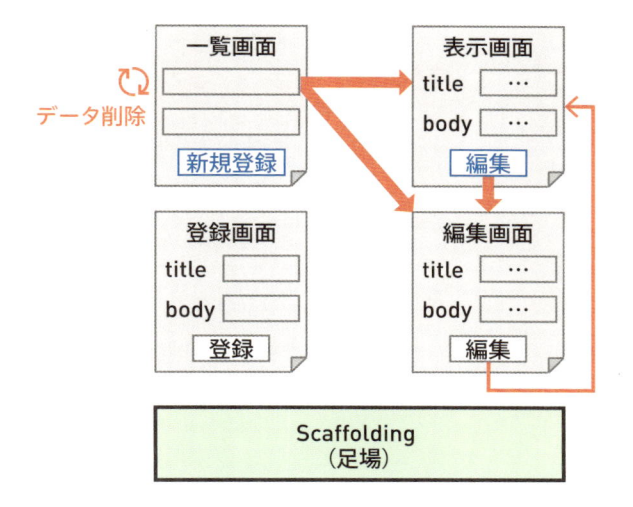

◎ 自動生成される画面遷移

Scaffoldingによって自動生成される画面は次の4つがあります。URL例はリソースを日記（Diary）とした場合にアクセスできるURLです。

表6-1 Scaffoldingによって自動生成される画面

画面種別	できること	URL例
一覧画面	リソースの一覧	/diaries
表示画面	リソース毎のデータ表示	/diaries/1
登録画面	リソースの新規登録	/diaries/new
編集画面	既存のリソースのデータ更新	/diaries/1/edit

また、機能としてはその他にもリソースのデータ削除がありますが、データの削除は対応する画面は存在しません。

Scaffoldコマンドを実行する

Scaffoldコマンドを実際に実行する

rails g scaffoldは、モデル作成時のジェネレーターコマンドとほとんど同じ書式（CHAPTER 5の**SECTION 03**参照）で、次のように記述します。

▶ rails g scaffoldコマンド

書式 **rails g scaffold リソース名 カラム名1:データ型1 カラム名2:データ型2 ...**

概要 指定したリソース名に対応するファイルを作成します。

パラメータ
リソース名 モデルクラスの名前（先頭小文字でも可）
カラム名 対応するテーブルが持つカラム名
データ型 指定したカラムのデータ型

ここでは日記アプリ用のリソースを指定するため、リソース名にdiaryを指定して実行します。実行途中で、**CHAPTER 5**で修正したフィクスチャファイルを上書きするか確認されるので、ここでは上書きしない「n」を入力します。

```
> rails g scaffold diary title:string body:text
      invoke   active_record
   identical      db/migrate/20170807093803_create_diaries.rb
   identical      app/models/diary.rb
      invoke   test_unit
   identical       test/models/diary_test.rb
    conflict       test/fixtures/diaries.yml
    Overwrite /Users/200085/sandbox/rails/rails5_sample_for_book/test/fixtures/
    diaries.yml? (enter "h" for help) [Ynaqdh] n
       skip        test/fixtures/diaries.yml
       中略
     create    app/assets/stylesheets/scaffolds.scss
```

実行の結果、rails g modelコマンドで作成したモデルとテーブル定義のためのファイル以外に、新しいルーティングが追加されたり、コントローラーやビューファイル、アセットなどが新規作成されていることが確認できます。

6

日記アプリの作成（表示編）

コマンド実行の結果、修正／新規作成された主なファイルは次のとおりです。

表6-2 コマンドによって自動生成されたファイル

ファイル	修正／ 新規作成	役割
config/routes.rb	修正	新規ルーティングの追加
app/controllers/diaries_controller.rb	新規作成	日記アプリのリクエストを受け付けるコントローラー
app/views/diaries/index.html.erb	新規作成	一覧画面用のビュー
app/views/diaries/edit.html.erb	新規作成	編集画面用のビュー
app/views/diaries/show.html.erb	新規作成	表示画面用のビュー
app/views/diaries/new.html.erb	新規作成	登録画面用のビュー
app/views/diaries/_form.html.erb	新規作成	編集／登録画面の共通フォーム用のビュー
app/assets/stylesheets/scaffolds.scss	新規作成	Scaffolding用のスタイルシート

◎ Scaffoldで設定されるルーティング

Scaffoldを実行すると、リソースに対応するルーティングが自動的に追加されます。

❶ ルーティング設定ファイルの確認
ルーティングの設定ファイルを確認します。

リスト6-1 **config/routes.rb**

```
001:  Rails.application.routes.draw do
002:    resources :diaries
      中略
006:  end
```

resources :diariesが追記されていることが確認できます。diariesが複数形となっていることに注目してください。

追加されたルーティングの確認

この記述によって追加されたルーティングを確認するには、Rails が提供する rails routes コマンドを使用します。

▶ rails routes コマンド

> 書式　**rails routes**

> 概要　config/routes.rb に基いて定義されるルーティングを表示します。

```
> rails routes
Prefix  Verb  URI Pattern Controller#Action
diaries GET    /diaries(.:format)           diaries#index
        POST   /diaries(.:format)           diaries#create
new_diary GET   /diaries/new(.:format)       diaries#new
edit_diary GET  /diaries/:id/edit(.:format) diaries#edit
   diary GET    /diaries/:id(.:format)       diaries#show
        PATCH  /diaries/:id(.:format)       diaries#update
        PUT    /diaries/:id(.:format)       diaries#update
        DELETE /diaries/:id(.:format)       diaries#destroy
   users GET    /users(.:format)             users#index
users_new GET   /users/new(.:format)         users#new
```

手動で追加した下2つの users に関するルーティング以外は全て、❶で確認したように config/routes.rb に resources :diaries が追記されたことによって追加されたルーティングです。

COLUMN | **Rails が採用する RESTful**

resources によって追加されたルーティングの形式は、**RESTful** と呼ばれます。**RESTful**、または **REST** とは、主にデータを参照／登録／更新／削除するための web システム設計の方針のことです。Rails では、RESTful に則ってルーティングを設定することが推奨されています。

Rails では、resources を使うことで簡単に RESTful に則ったルーティングを設定することができます。

日記アプリの作成（表示編）

Scaffold でアクセスできるようになる各画面とルーティングの対応は次のとおりです。

表6-3 各画面とルーティングの対応関係

画面種別	URI Pattern	Controller#Action
一覧画面	/diaries(.:format)	diaries#index
表示画面	/diaries/:id(.:format)	diaries#show
登録画面	/diaries/new(.:format)	diaries#new
更新画面	/diaries/:id/edit(.:format)	diaries#edit

たとえば、一覧画面であれば、/diaries で呼び出され、diaries コントローラーの index アクションで処理されることを意味します。

COLUMN | **(.:format) の意味**

「(.:format)」は画面をどのようなフォーマットで出力するかを表します。たとえば「/diaries.html」とすることで標準的な HTML で画面が出力されますし、「/diaries.json」とすることで JSON データ (JavaScript でのオブジェクト形式) でデータを出力することもできます。「.html」「.json」などを省略した場合には HTML で画面が出力されます。

余力のある人は、あとでアプリを実際に動作する際に、「/diaries.json」でもアクセスしてみましょう。

6

日記アプリの作成（表示編）

日記データの
一覧表示の設定をしよう

ここではまず、日記一覧画面にアクセスして動作を確認します。次に、**Scaffold**で新規作成した
コントローラーとビューのうち、一覧画面に該当するファイルを確認します。最後に、見た目の
表示部分を修正します。

◎ Scaffoldで生成された一覧画面を確認する

◎ 日記一覧画面にアクセスする

Scaffoldでアクセスできるようになった日記データの一覧画面にアクセスします。

一覧画面は、rails s コマンドでPumaサーバーを起動した後、http://localhost:3000/diaries にアクセスすることで確認できます。

```
> rails s
```

図 6-2 **http://localhost:3000/diaries**

ヘッダー

Diaries

Title	Body			
今日は終日休暇	今日は仕事を休んで、公園で読書を楽しんだ。	Show	Edit	Destroy
今日の天気	今日は雨が振った後、虹が出ていて綺麗だった。	Show	Edit	Destroy

New Diary
フッター

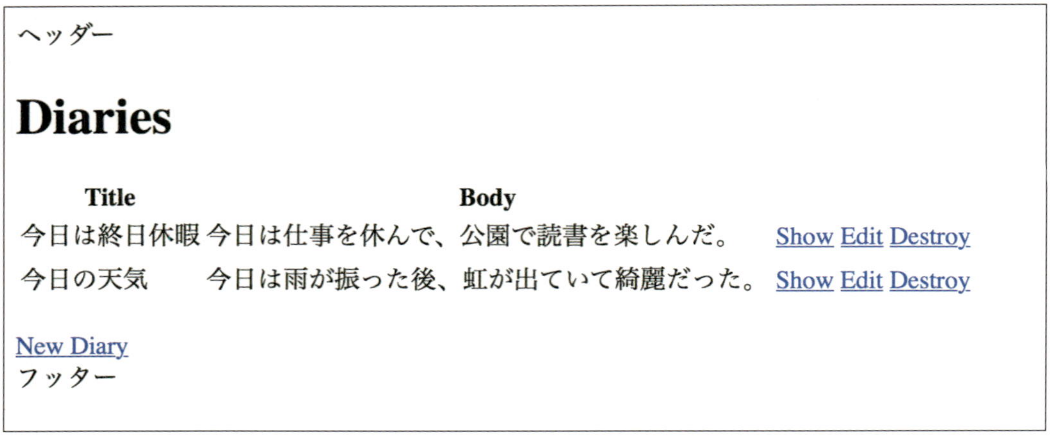

アクセスすると、CHAPTER 5でフィクスチャから入れたテストデータを確認することができます。

◉ indexアクションを確認する

日記データの一覧画面に対応するアクションは、**Diariesコントローラーのindexアクション**です。まずはScaffoldによって自動生成された処理を確認します。

リスト 6-2 ▶ **app/controllers/diaries_controller.rb**

```
001:   class DiariesController < ApplicationController
002:     before_action :set_diary, only: [:show, :edit, :update, :destroy]
003:
004:     # GET /diaries
005:     # GET /diaries.json
006:     def index
007:       @diaries = Diary.all
008:     end
```
中略

indexアクションには、Diaryモデルクラスのallメソッド（**CHAPTER 5**の**SECTION 05**参照）で全ての日記データを@diariesというインスタンス変数に代入しています。このように、取得したデータをインスタンス変数に代入すると、ビューで同名のインスタンス変数でアクセスすることができるようになります（**CHAPTER 3**の**SECTION 01**参照）。

◉ 対応するビュー（index.html.erb）を確認する

Scaffoldによって自動生成されたビューファイルを確認します。

Diariesコントローラーのindexアクションに対応するビューファイルは、コントローラー側でrenderメソッドが省略されているため、ビューを呼び出す規約（**CHAPTER 3**の**SECTION 01**参照）に従ってapp/views/diaries/index.html.erbとなります。

リスト 6-3 ▶ **app/views/diaries/index.html.erb**

```
001:   <p id="notice"><%= notice %></p>        ❶
002:
003:   <h1>Diaries</h1>
004:
005:   <table>          ❷
006:     <thead>        ❸
007:       <tr>
```

6

日記アプリの作成（表示編）

```
008:         <th>Title</th>
009:         <th>Body</th>
010:         <th colspan="3"></th>
011:       </tr>
012:     </thead>
013:
014:     <tbody>                    ❹
015:       <% @diaries.each do |diary| %>    ❺
016:         <tr>
017:           <td><%= diary.title %></td>    ❻
018:           <td><%= diary.body %></td>
019:           <td><%= link_to 'Show', diary %></td>    ❼
020:           <td><%= link_to 'Edit', edit_diary_path(diary) %></td>    ❽
021:           <td><%= link_to 'Destroy', diary, method: :delete, data: { confirm: 'Are you
                  sure?' } %></td>    ❾
022:         </tr>
023:       <% end %>
024:     </tbody>
025:   </table>
026:
027:   <br>
028:
029:   <%= link_to 'New Diary', new_diary_path %>
```

❶ ユーザーへの通知メッセージを表示する

❶で表示している notice 変数は特殊な変数で、コントローラー側の処理の結果、ユーザーに何かしらの通知メッセージを1度だけ表示したい、といった用途で使われる変数です。

具体的にどういうメッセージが表示されるのかについては、次の CHAPTER で解説します。

❷ 表の見出しと行を定義する

❷の <table> タグで表示する表の見出し（❸の箇所）と行（❹の箇所）を定義しています。

❸ 表の見出しを定義する

❸の <thead> タグには、表の見出しに当たる Title と Body が定義されています。

❹ 日記データを複数行定義する

❹の <tbody> タグの直下には、コントローラー側で代入した @diaries インスタンス変数が用いられており、Ruby の each メソッドでループして、日記の各レコード毎に <tr> タグを出力しています。

❺ each メソッドで個別のデータを繰り返し取り出す

　❺の部分は<% %>で囲まれています。これはERBの記述ルールの1つで、Rubyのコードを実行するものです（CHAPTER 3のSECTION 01参照）。コントローラーでインスタンス変数に代入した@diariesには、複数の日記データが入っているので、1つ1つのデータを繰り返し取り出すためにRubyのeachメソッドを使ってdiary変数に1つずつ代入しています。

▶ each メソッド

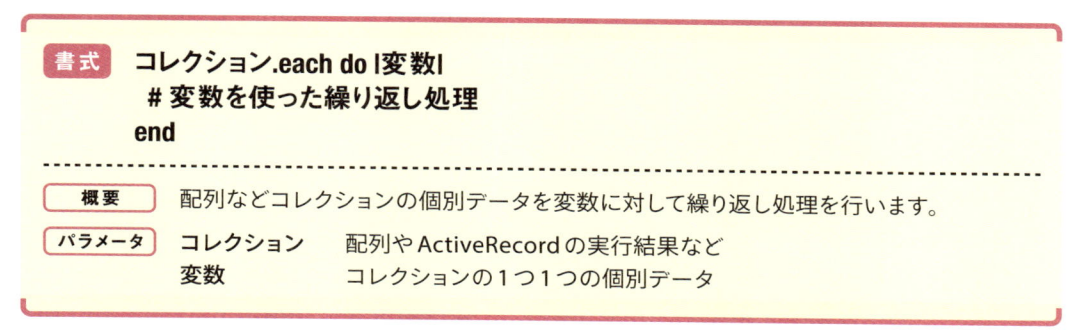

❻ 個別の日記データを処理する

　❻では、日記の個別データのタイトルをActiveRecord経由で取り出して表示しています。その直後では同様に、日記の本文を取り出して表示しています。

図6-3 複数の日記データを each メソッドで1つずつ取り出す

❼ 表示画面へのリンクを生成する

　❼のlink_toメソッドは、Railsが提供するもので、リンクを設置する<a>タグを出力します。このようにビューで使えるメソッドのことを**ヘルパーメソッド**と呼びます。

6

日記アプリの作成（表示編）

▶ link_to ヘルパーメソッド

　なお、link_to で指定するリンク先には、ルーティングの出力結果に表示されていた Prefix に _path を付けた形式を指定することができます。ルーティングで出力される Prefix は、画面パスへの省略形の _path を除いたものです。

　link_to メソッドのリンク先に指定されている diary は更に省略形で、ルーティングの Prefix を使うと、diary_path(diary.id) という記述と同じ意味です。

❼の link_to ヘルパーメソッドによって出力される HTML は、日記 ID が 1 の場合次のようになります。

```
<a href="/diaries/1">Show</a>
```

❽ 編集画面へのリンクを生成する

　リスト 6-3（114 ページ）の❽の Edit にリンク先として指定されている edit_diary_path も Prefix 形式です。更に edit_diary_path の引数には diary が指定されていますが、これは diary.id の省略形です。

　❽の link_to ヘルパーメソッドによって出力される HTML は、日記 ID が 1 の場合次のようになります。

```
<a href="/diaries/1/edit">Edit</a>
```

❾ データ削除へのリンクを生成する

　リスト 6-3（114 ページ）の❾の Destroy に指定されているリンク先の diary も同様に省略形で、ルーティングの Prefix を使うと diary_path(diary.id) という記述と同じ意味です。

　オプションで指定されている method: :delete は、link_to ヘルパーメソッドで生成するリンク先へのリクエストメソッド（**CHAPTER 2** の **SECTION 03** 参照）を DELETE とするものです。この場合、<a> タグに data-method 属性を付与し、その値を 'delete' に指定します。

　また、data: { confirm: 'Are you sure?' } オプションは、<a> タグに data 属性を付与するもので、data 属性の種類を {} のブロックにハッシュで記述します。この場合、<a> タグに data-confirm 属性を付与し、その値を 'Are you sure?' に指定します。

　まとめると、❾の link_to ヘルパーメソッドによって出力される HTML は、日記 ID が 1 の場合次のよ

うになります。

```
<a data-confirm="Are you sure?" rel="nofollow" data-method="delete" href="/
diaries/1">Destroy</a>
```

◎ 一覧画面の見た目を修正する

◎ 修正の方針

　Scaffoldでデフォルトでアクセスできる一覧画面は、リソース名やカラム名が英語だったり、日記のIDや登録日時、更新日時などが表示されていなかったりします。

　ここでは、一覧画面の見た目を修正して次のように変更します。

- リソース名とカラム名を日本語にする
- 日記のタイトルだけでなく、ID／登録日時／更新日時を表示する
- 日記の本文は非表示にする
- 日記の修正（**Edit**）／削除（**Destroy**）へのリンクはなくす
- 日記の表示（**Show**）リンクはタイトルに付ける
- 日記の新規作成（**New Diary**）リンクを日本語にする
- 表示する日時を日本時間（**JST**）にして見やすく整形する

◎ 一覧画面用のビューを修正する

　該当のビューファイルを次のように修正します（修正箇所は赤字の部分）。

> **リスト 6-4** 　修正した **app/views/diaries/index.html.erb**

```
       中略
003:   <h1>日記一覧画面</h1>
004:
005:   <table>
006:     <thead>
007:       <tr>
008:         <th>ID</th>
009:         <th>タイトル</th>
010:         <th>登録日時</th>
011:         <th>更新日時</th>
```

```
012:       </tr>
013:     </thead>
014:
015:     <tbody>
016:       <% @diaries.each do |diary| %>
017:         <tr>
018:           <td><%= diary.id %></td>
019:           <td><%= link_to diary.title, diary %></td>
020:           <td><%= diary.created_at %></td>
021:           <td><%= diary.updated_at %></td>
022:         </tr>
023:       <% end %>
024:     </tbody>
025:   </table>
026:
027:   <br>
028:
029:   <%= link_to '日記を新規作成', new_diary_path %>
```

修正後、Pumaサーバーを起動し、一覧画面にアクセスすると次のような画面となります。

図6-4 ▶ 修正した日記一覧画面

ヘッダー

日記一覧画面

ID	タイトル	登録日時	更新日時
1	今日は終日休暇	2017-08-08 13:19:04 UTC	2017-08-08 13:19:04 UTC
2	今日の天気	2017-08-08 13:19:04 UTC	2017-08-08 13:19:04 UTC

日記を新規作成
フッター

◉ 表示する日時を整形する

　現状では、ビューに表示される日時が **UTC（協定世界時）** で表記されたままです。UTCは、イギリスの日時が基準となるので、日本との時差分の9時間をプラスした日時がJST（日本時間）となります。

Railsアプリのデフォルトの設定では、日時をUTCで扱います。これをJSTに変更するための設定を追加します。

Railsアプリ全体に共通する設定は、config/application.rbに追記します。なお、Railsアプリが動作する環境（development／test／production）によって設定を違うものにしたい場合は、config/environments/フォルダの配下にある環境名のファイル（development.rb／test.rb／production.rb）に記述します。

ここでは環境にかかわらず日時に関する設定を入れるため、config/application.rbに次のように追記します。

リスト6-5 ▶ 修正した **config/application.rb**

```
          中略
009:  module Sample
010:    class Application < Rails::Application
          中略
015:      # Application configuration should go into files in config/initializers
016:      # -- all .rb files in that directory are automatically loaded.
017:      config.time_zone = 'Tokyo'
018:    end
019:  end
```

次に、日時をビューで表示した場合のデフォルトのフォーマットを変更します。

日時フォーマットを変更するための新しい設定ファイルを、config/initializers/配下にファイル名time_formats.rbとして作成します。

リスト6-6 ▶ **config/initializers/time_formats.rb**

```
001:  Time::DATE_FORMATS[:default] = "%Y年%m月%d日 %H時%M分%S秒"
```

COLUMN | **イニシャライザ**

config/initializers/配下のファイルのことをRailsでは、**イニシャライザ**と呼びます。Railsアプリを起動する前の共通の設定や、gemの読み込みが終わった後にイニシャライザが読み込まれます。共通設定やgemを前提とした設定を入れたい場合に、イニシャライザを使います。

設定を入れたら、Pumaサーバーを再起動します。

6

日記アプリの作成（表示編）

COLUMN　設定ファイル修正を反映するには

Railsでは、config/配下にある設定ファイルを新しく作ったり修正したりした場合、必ずPumaサーバーを再起動する必要があります。Pumaサーバーを再起動しないと、ブラウザをリロードしても設定が反映されませんので注意が必要です。

Pumaサーバー再起動後、「http://localhost:3000/diaries」にアクセスし、次のとおり日時の表示がJSTとなり、表示形式が変わっていることを確認してください。

図6-5 日記一覧の日時の表記を修正

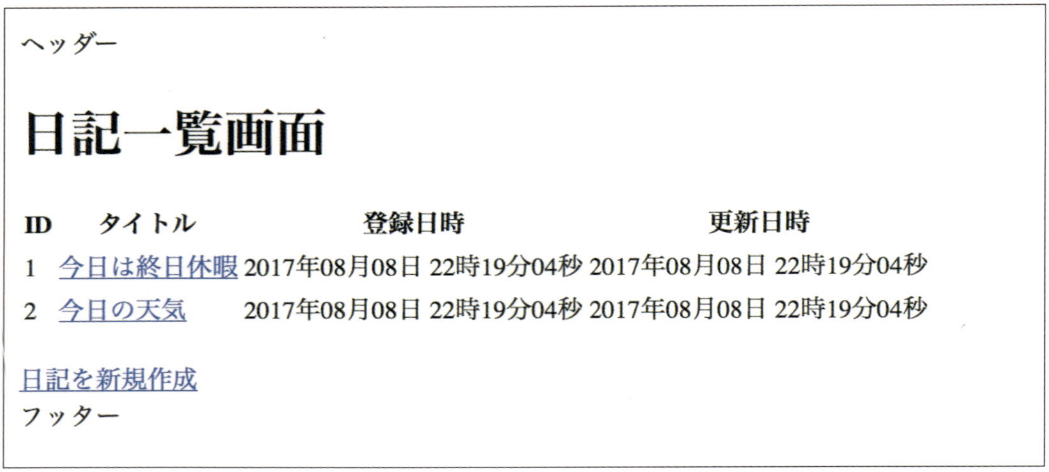
ヘッダー
日記一覧画面
ID タイトル 登録日時 更新日時
1 今日は終日休暇 2017年08月08日 22時19分04秒 2017年08月08日 22時19分04秒
2 今日の天気 2017年08月08日 22時19分04秒 2017年08月08日 22時19分04秒
日記を新規作成
フッター

03

日記データの
個別表示の設定をしよう

ここではまず、日記データの個別表示画面にアクセスして動作を確認します。次に、**Scaffold**で新規作成したコントローラーとビューのうち、表示画面に該当するファイルを確認します。最後に、見た目の表示部分を修正します。

◎ **Scaffold**で生成された表示画面を確認する

◉ 日記表示画面にアクセスする

Scaffoldでアクセスできるようになった日記データの個別表示画面にアクセスします。

日記表示画面は、rails s コマンドでPumaサーバーを起動した後、http://localhost:3000/diaries/1 にアクセスすることで確認できます。

図6-6 `http://localhost:3000/diaries/1`

ヘッダー

Title: 今日は終日休暇

Body: 今日は仕事を休んで、公園で読書を楽しんだ。

Edit | Back
フッター

アクセスすると、CHAPTER 5でフィクスチャから入れたテストデータのうち、日記IDが1のデータを確認することができます。

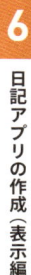

⦿ showアクションを確認する

日記データの個別表示画面に対応するアクションは、**Diariesコントローラーのshowアクション**です。まずはScaffoldによって自動生成された処理を確認します。

リスト 6-7 **app/controllers/diaries_controller.rb**

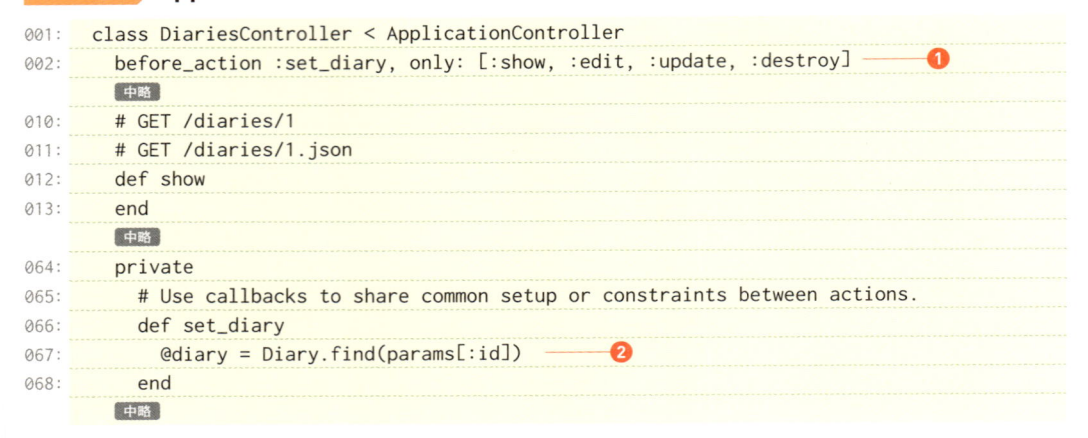

```
001:  class DiariesController < ApplicationController
002:    before_action :set_diary, only: [:show, :edit, :update, :destroy] ──①
       中略
010:    # GET /diaries/1
011:    # GET /diaries/1.json
012:    def show
013:    end
       中略
064:    private
065:      # Use callbacks to share common setup or constraints between actions.
066:      def set_diary
067:        @diary = Diary.find(params[:id]) ──②
068:      end
       中略
```

showアクションには何も処理が記述されていません。しかし、クラス定義の直後のbefore_actionメソッドに注目してください（①）。このメソッドはアクションを呼ぶ前に特定の処理をしたい場合に用意されています。

▶ before_actionメソッド（コントローラー用）

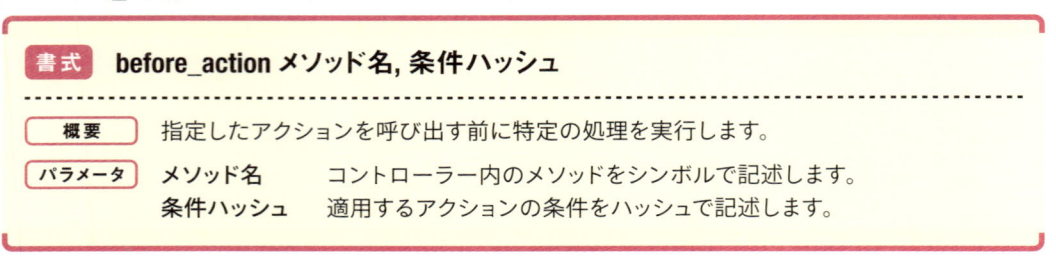

> **書式** **before_action メソッド名, 条件ハッシュ**
> -
> **概要** 指定したアクションを呼び出す前に特定の処理を実行します。
> **パラメータ** メソッド名　　コントローラー内のメソッドをシンボルで記述します。
> 　　　　　　　条件ハッシュ　適用するアクションの条件をハッシュで記述します。

before_actionメソッドの最初の引数に指定するメソッド名は、Rubyのシンボルで記述します。シンボルは、先頭にセミコロンを付与した文字列に似た記法です。

2つ目の引数に指定するハッシュは、キーにonly／exceptのいずれかを指定し、値にはアクション名のシンボルを指定します。複数のアクションを指定する場合は配列も指定できます。

ハッシュのキーにonlyを使うと、指定したアクションにのみ適用されます。一方、キーにexceptを使うと、指定したアクション**以外**の全てのアクションに適用されます。

Scaffoldによって自動生成されたコードを確認すると、show ／ edit ／ update ／ destroyアクションを呼び出す前にset_diaryメソッドの処理が呼び出される定義となっています。

つまりshowアクションには処理が記述されていませんが、事前にset_diaryメソッドが呼ばれていることになります。

set_diaryメソッドの処理を、「http://localhost:3000/diaries/1」にアクセスした場合を例に取って見てみましょう。この場合、まずparams[:id]には1が代入されます。次に、Diary.find(1)が実行され、この実行結果が@diaryに代入されます（❷）。最終的に、アクセスした結果として、diariesテーブルのidが1のレコードの表示画面が表示されます。

set_diaryメソッドにあるparamsという変数は、コントローラーで特殊な意味を持ち、HTTPリクエスト・パラメーターが格納されています。**HTTPリクエスト・パラメーター**とは、ブラウザなどのクライアント側からwebサーバー側に送信されるデータです。

showアクションのルーティングは、/diaries/:idと定義されています。この:idはHTTPリクエスト・パラメーターとしてparams変数に格納され、params[:id]で取り出すことができます。

Diary.find(params[:id])では、**diariesテーブルのidがparams[:id]に一致するレコードの、Diaryモデルクラスのインスタンス**を取得します（**CHAPTER 5**の**SECTION 05**参照）。このfindメソッドの実行結果が@diaryに代入されることで、レコード毎の表示画面を動的に生成することができます。

◉ 対応するビューを確認する

Scaffoldによって自動生成されたビューファイルを確認します。

Diariesコントローラーのshowアクションに対応するビューファイルは、app/views/diaries/show.html.erbとなります。

リスト 6-8 ▶ **app/views/diaries/show.html.erb**

```
001:  <p id="notice"><%= notice %></p>          ①
002:
003:  <p>          ②
004:    <strong>Title:</strong>
005:    <%= @diary.title %>
006:  </p>
007:
008:  <p>          ③
009:    <strong>Body:</strong>
010:    <%= @diary.body %>
011:  </p>
012:
```

```
013:    <%= link_to 'Edit', edit_diary_path(@diary) %> |  ——— ④
014:    <%= link_to 'Back', diaries_path %> ——— ⑤
```

❶で表示している notice 変数は index.html.erb と同様で、詳細は次の **CHAPTER** で解説します。

続く❷❸の <p> タグで日記のタイトル（Title）と本文（Body）がそれぞれ出力されています。

また、❹❺の link_to メソッドで編集画面への［Edit］リンクと［Back］リンクがそれぞれ出力されています。

❺の link_to ヘルパーメソッドの 2 つ目の引数である diaries_path は、ルーティングの Prefix で、一覧画面を指します。❺の link_to ヘルパーメソッドによって出力される HTML は次のとおりです。

```
<a href="/diaries">Back</a>
```

◎ 表示画面の見た目を修正する

◎ 修正の方針

Scaffold でデフォルトでアクセスできる表示画面も、一覧画面と同様に修正しましょう。

ここでは、レイアウトの修正方針を以下とします。

- カラム名を日本語にする
- 日記のタイトル／本文だけでなく、**ID**／登録日時／更新日時を表示する
- 日記の修正（**Edit**）／一覧へ戻る（**Back**）リンクを日本語にする
- 日記の削除（**Destroy**）リンクを付ける

◎ 表示画面用のビューを修正する

該当のビューファイルを次のように修正します（修正箇所は赤字の部分）。

リスト 6-9 修正した **app/views/diaries/show.html.erb**

```
001:    <p id="notice"><%= notice %></p>
002:
003:    <p>
004:      <strong>ID:</strong>
005:      <%= @diary.id %>
006:    </p>
```

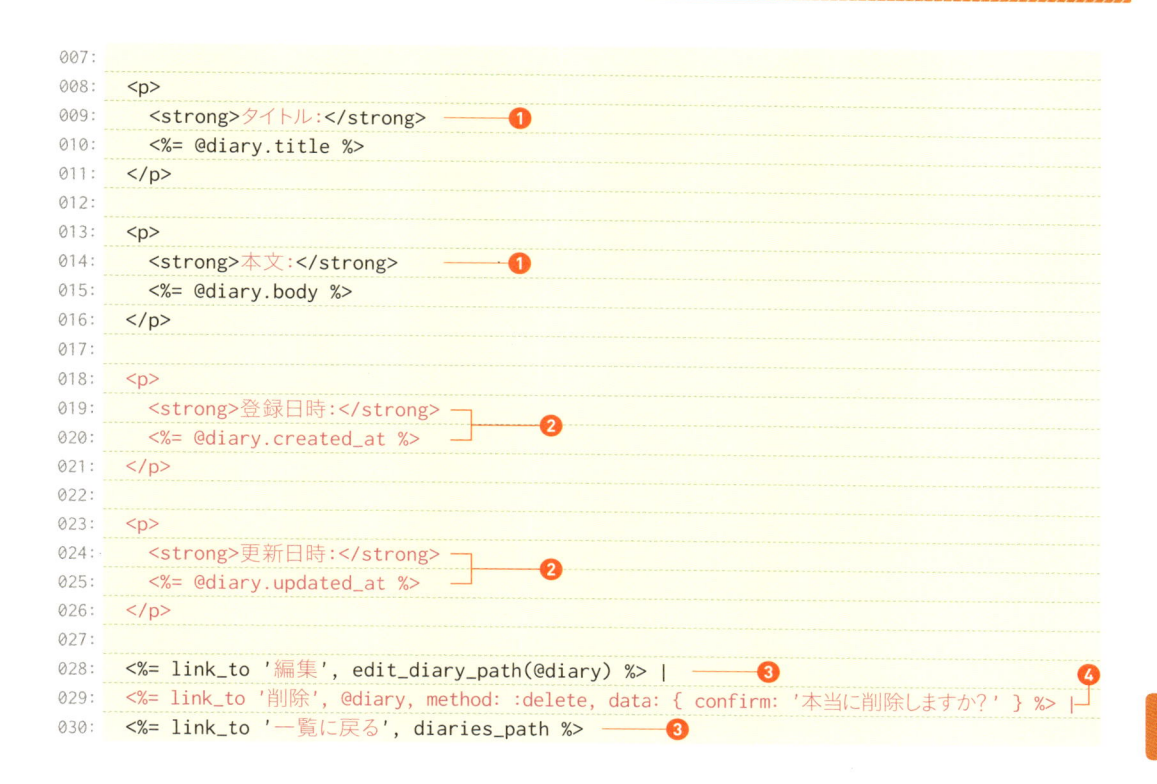

```
007:
008:     <p>
009:       <strong>タイトル:</strong>          ①
010:       <%= @diary.title %>
011:     </p>
012:
013:     <p>
014:       <strong>本文:</strong>             ①
015:       <%= @diary.body %>
016:     </p>
017:
018:     <p>
019:       <strong>登録日時:</strong>
020:       <%= @diary.created_at %>          ②
021:     </p>
022:
023:     <p>
024:       <strong>更新日時:</strong>
025:       <%= @diary.updated_at %>          ②
026:     </p>
027:
028:     <%= link_to '編集', edit_diary_path(@diary) %> |          ③                                    ④
029:     <%= link_to '削除', @diary, method: :delete, data: { confirm: '本当に削除しますか？' } %> |
030:     <%= link_to '一覧に戻る', diaries_path %>          ③
```

①では、カラム名を日本語に変更しています。

②では、**ID/登録日時/更新日時**を表示するように追加しています。

③では、**Edit/Back**リンクを日本語にしています。

④では、一覧画面からは削除していた日記の削除リンクを、追加しています。

　修正後、Pumaサーバーを起動し、表示画面の「http://localhost:3000/diaries/1」にアクセスすると次のような画面となります。

6

日記アプリの作成（表示編）

図 6-7 修正した日記表示画面

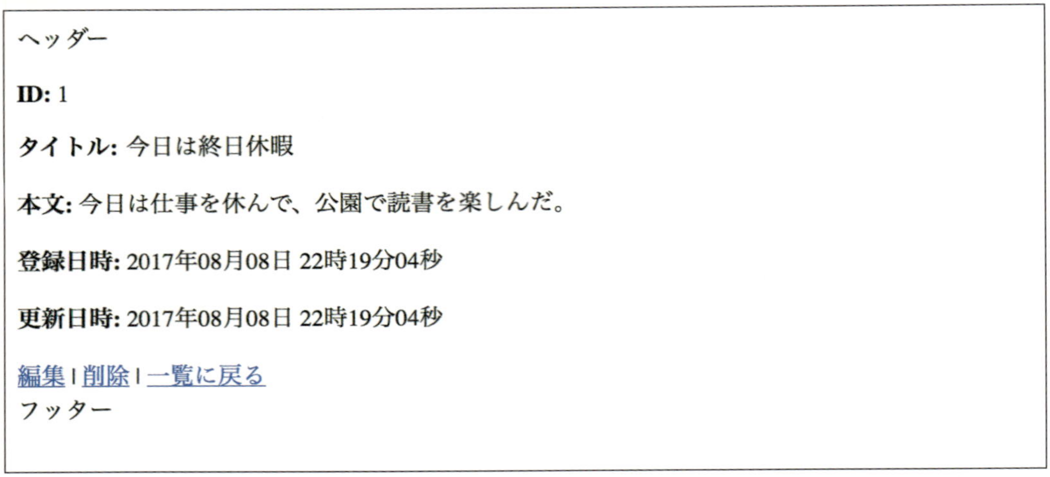

ヘッダー

ID: 1

タイトル: 今日は終日休暇

本文: 今日は仕事を休んで、公園で読書を楽しんだ。

登録日時: 2017年08月08日 22時19分04秒

更新日時: 2017年08月08日 22時19分04秒

編集 | 削除 | 一覧に戻る
フッター

　以上、本 CHAPTER では、Rails の Scaffolding 機能を使用して日記アプリのひな型を作成し、まず新たに追加されたルーティングを確認しました。次に、日記データの一覧画面にアクセスし web アプリの動作を確認すると共に、対応するコントローラーとビューのコードを確認し理解を深めました。更に、一覧画面の見た目を修正しながら、Rails アプリの設定ファイル周りについて解説しました。続いて一覧画面同様、日記データの表示画面にアクセスし、対応するコントローラーとビューのコードを確認し、表示画面の見た目を修正しました。

　次の CHAPTER では、日記データの登録画面／編集画面やデータ削除の動作確認と、対応するコードについて、詳しく解説していきます。

7

日記アプリの作成
（登録編）

日記データの登録を行おう

CHAPTER 6に引き続き、Scaffoldで作成した日記アプリのひな型を確認していきます。ここでは
まず、本CHAPTERの全体的な流れを確認した上で、webアプリから新しい日記データを登録で
きることを確認しましょう。また、データ登録の処理の仕組みも見ていきます。

◎ 日記データを登録する

　本CHAPTERでは、日記データの登録／更新／削除の操作を、実際にwebアプリ上で行い、Scaffold
で作成したファイルをそれぞれ確認しながら解説します。解説を追うことで、Railsアプリ上ではどの
ような仕組みでデータ操作を実現しているのか、理解を深めることができます。
　まずは、webアプリ上で新しい日記データを登録してみましょう。
　Scaffoldでアクセスできるようになった日記データの登録画面にアクセスします。
　rails s コマンドでPumaサーバーを起動した後、「http://localhost:3000/diaries/new」に直接アクセス
するか、一覧画面から［日記を新規作成］リンクをクリックすることで、登録画面にアクセスできます。

図 **7-1** http://localhost:3000/diaries/new

```
ヘッダー

New Diary

Title  _____

Body   _____
       _____

Create Diary
Back
フッター
```

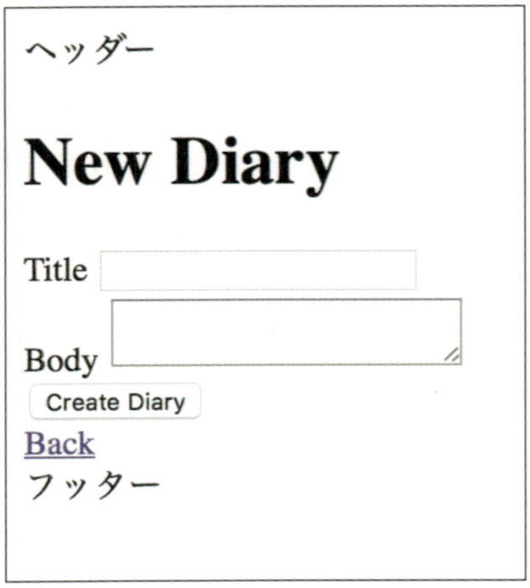

　登録画面でTitle／Bodyにデータを入力して、［Create Diary］ボタンをクリックします。日記データの登録が成功すると「Diary was successfully created.」というメッセージが出力された、登録後の日記データ表示画面が表示されます。

図 7-2 データ登録直後の画面

ヘッダー

Diary was successfully created.

ID: 4

タイトル: 今日は山の日

本文: 山の日は2016年から始まった8月11日の祝日。

登録日時: 2018年02月21日 12時45分06秒

更新日時: 2018年02月21日 12時45分06秒

編集 | 削除 | 一覧に戻る
フッター

◎ データ登録フォームを表示する処理の流れ

　ここからは、登録フォームの表示の仕組みと、データ登録の処理の仕組みを解説していきます。

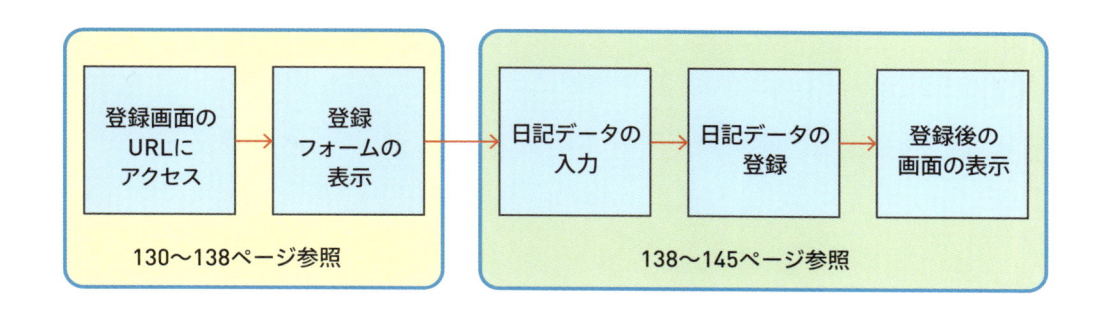

「http://localhost:3000/diaries/new」にアクセスすると、新しい日記データを登録するための入力フォームが表示される動作を確認しました。このフォームが表示されるまでのRailsアプリの内部的な動作を順を追って解説します。

「/diaries/new」にアクセスされた場合、Railsはまず、ルーティングの定義を確認します。ルーティングを再度確認すると、次のとおり、Diariesコントローラーのnewアクションが呼ばれることがわかります。

```
> rails routes
Prefix      Verb    URI Pattern              Controller#Action
   diaries  GET     /diaries(.:format)       diaries#index
            POST    /diaries(.:format)       diaries#create
 new_diary  GET     /diaries/new(.:format)   diaries#new
edit_diary  GET     /diaries/:id/edit(.:format) diaries#edit
     diary  GET     /diaries/:id(.:format)   diaries#show
            PATCH   /diaries/:id(.:format)   diaries#update
            PUT     /diaries/:id(.:format)   diaries#update
            DELETE  /diaries/:id(.:format)   diaries#destroy
```

Diariesコントローラーのnewアクションにある処理が実行された後、対応するビューであるapp/views/diaries/new.html.erbが呼び出されます。

詳細は後述しますが、new.html.erbから、共通のビューとして外部ファイルに切り出されたapp/views/diaries/_form.html.erbが呼び出されます。

呼び出されたビューがレイアウトと共にRailsによって1つのHTMLに変換され、Pumaサーバーからクライアント側に送られて、webブラウザ上で入力フォームが表示されています。

図7-3 登録用のフォームが表示される流れ

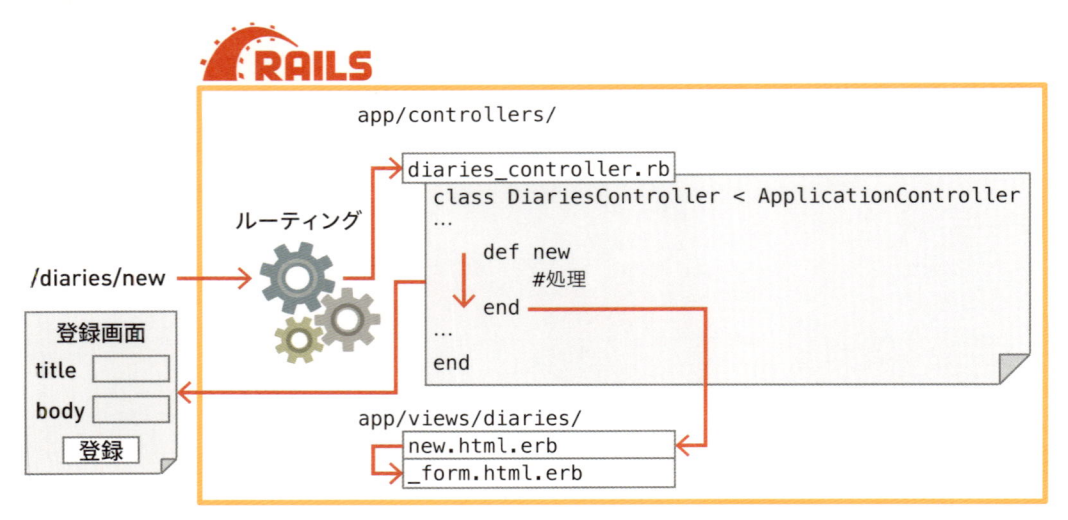

◎ データ登録用のフォームに関わるファイル

　ここからは、データ登録に関わるファイルを確認し、Railsで日記データの登録をどのように実現しているのかの仕組みを理解していきます。

　まずはデータ登録用の入力フォームを出力している箇所を確認します。

◉ newアクションを確認する

　日記データの登録画面に対応するアクションは、**Diariesコントローラーのnewアクション**です。Scaffoldによって自動生成された処理を確認します。

> リスト **7-1** `app/controllers/diaries_controller.rb`

```
001:   class DiariesController < ApplicationController
002:     before_action :set_diary, only: [:show, :edit, :update, :destroy]
       中略
015:     # GET /diaries/new
016:     def new
017:       @diary = Diary.new
018:     end
019:    中略
```

　newアクションでは、Diaryモデルクラスのインスタンスをnewメソッドで生成し、@diaryインスタンス変数に代入し（CHAPTER 5のSECTION 05参照）、ビューで利用できるようにしています。

　これによって、データベースにあるdiariesテーブルと対応するカラムを、ビューに記述されている入力フォーム（個々のテキストボックス）に関連付けています。

◉ 対応するビューを確認する

　Scaffoldによって自動生成されたビューファイルを確認します。

　Diariesコントローラーのnewアクションに対応するビューファイルは、app/views/diaries/new.html.erbです。

リスト 7-2 app/views/diaries/new.html.erb

```
001:    <h1>New Diary</h1>
002:
003:    <%= render 'form', diary: @diary %> ──────●
004:
005:    <%= link_to 'Back', diaries_path %> ──────❷
006:
```

❶の部分のrenderメソッドは、ビューから別に切り出されたビューファイルを呼び出すものです。このビューファイルのことを、**部分テンプレート**と呼びます。

登録／更新時、入力フォームに違いがない場合は、このようにrenderメソッドで部分テンプレートを呼び出すことで、ビューを部品化して共通処理としてまとめられるメリットがあります。詳細は後ほど解説しますが、更新用のビューからも同じ部分テンプレートが呼び出されています。

▶ **render ビューヘルパー**

書式	<%= render 部分テンプレート名, キー1: 値1, キー2: 値2, ... %>
概要	引数に指定した部分テンプレートを呼び出します。
パラメータ	キー　　部分テンプレートで使える変数名 値　　　部分テンプレートで使う変数に代入する値

❶の例では、renderメソッドの第1引数に'form'が指定されているので、呼び出される部分テンプレートのファイルパスはapp/views/diaries/_form.html.erbとなります。

第2引数にdiary: @diaryが指定されているのは、_form.html.erbの中で、アクションメソッドで用意された@diary（Diaryモデルクラスのインスタンス）に、diary変数でアクセスできるということです。diary変数は、_form.html.erbでDiaryモデルに関連付く入力フォームを生成するために使います。

また、❷の部分は、link_toメソッドで一覧画面への［Back］リンクを生成します（CHAPTER 6のSECTION 03参照）。

7

日記アプリの作成（登録編）

⦿ form_with ビューヘルパー

new.html.erbから呼び出されている部分テンプレートの_form.html.erbを確認します。

リスト 7-3 ▶ **app/views/diaries/_form.html.erb**

```
001: <%= form_with(model: diary, local: true) do |form| %>
002:   <% if diary.errors.any? %>
003:     <div id="error_explanation">
004:       <h2><%= pluralize(diary.errors.count, "error") %> prohibited this diary from
           being saved:</h2>
005:
006:       <ul>
007:       <% diary.errors.full_messages.each do |message| %>
008:         <li><%= message %></li>
009:       <% end %>
010:       </ul>
011:     </div>
012:   <% end %>
013:
014:   <div class="field">                                              ❶
015:     <%= form.label :title %>          ❷
016:     <%= form.text_field :title, id: :diary_title %>      ❸
017:   </div>
018:
019:   <div class="field">
020:     <%= form.label :body %>
021:     <%= form.text_area :body, id: :diary_body %>      ❹
022:   </div>
023:
024:   <div class="actions">
025:     <%= form.submit %>      ❺
026:   </div>
027: <% end %>
```

❶のform_withは、引数の形式に従ってさまざまな<form>タグを出力するヘルパーメソッドで、do
～endで囲むブロック形式で使います。

▶ form_with ビューヘルパー

書式　**<%= form_with(model: モデルクラスのインスタンス, local: 真偽値) do Iforml %>**
 # 表示するフォーム
<% end %>

- -

概要　モデルに対応したフォームを作成する html を出力します。

パラメータ　**モデルクラスのインスタンス**　新規作成または既存レコードのインスタンス

引数（ハッシュ）の model キーには、フォームに紐付けるモデルクラスのインスタンス（diary）が指定されています。これによって、配下のフォーム要素に、モデルクラスの値（title／body などの値）を反映できます。

local: true は、Ajax によるデータ更新を許可するかどうかの設定です。Ajax によるデータ更新を許可する必要がない場合には true を指定します。特に理由がない場合は、このオプションを指定しておく必要があります。

COLUMN ｜ Ajax とは

Ajaxは、「Asynchronous JAvaScript+Xml」の略称で「エイジャックス」と発音します。JavaScriptを使って、サーバーとクライアントの間で処理の完了を待つ必要がなくデータを送受信することができる仕組みです。

逆に Ajax を使わなければ、入力フォームなどクライアントからの入力をサーバーに送信する場合、送信が完了するまで待ち時間が発生します。

---

new.html.erb から呼び出された場合、❶ の form_with は次のような html を出力します。

```html
<form action="/diaries" accept-charset="UTF-8" method="post">
  <input name="utf8" type="hidden" value="✔">
  <input type="hidden" name="authenticity_token" value="xIr4vgKPmP3c7Qbm3Xjl3Hv9y/s9Tvy
  K9dE6GsWWH2a6GvThpzSYiVJ+o/UK30i1HRahNBVQRghbQJq6aQwYug==">
  ...
</form>
```

最初の <input> タグは入力フォームで前提とする文字コードを判定するためのもの、2つ目がセキュリティチェックのためのものです。いずれも form_with メソッドが自動で生成するので、特別に意識しなくても構いません。

> **COLUMN** | **CSRF（Cross-Site Request Forgeries）**
>
> name属性の値がauthenticity_tokenとなっている〈input〉タグは、**CSRF（クロスサイトリクエストフォージェリ）**と呼ばれる不正アクセスに対処するためのものです。CSRFとは、あるwebアプリが持つ入力フォームに対して、別のwebアプリなどから意図しないデータを元の入力フォームに送信する攻撃方法のことです。
>
> value属性の値はRailsアプリが起動するサーバー上で生成されます。Railsは、この値とクライアント側から送信された値が一致する場合にのみ、正しいアクセスとみなして入力フォームのデータを元に、登録／更新などの処理を行います。

なお、本書では解説を省略しますが、form_withはその他にもさまざまな引数の指定方法があります。より複雑なフォームを作成する場合は公式のドキュメントを確認してください。

◉ labelビューヘルパー

リスト7-3（133ページ）の❷のlabelビューヘルパーの書式は次のとおりです。

▶ labelビューヘルパー

> **書式** | **<%= form.label フィールド名 %>**
> --
> **概要** | フォームオブジェクトに最適化された〈label〉タグを出力します。

❷の例では、フォームオブジェクトの元になるのがDiaryモデルのインスタンスで、引数には:titleが指定されているので、次のようなHTMLが出力されます。

```
<label for="diary_title">Title</label>
```

for属性**モデル名_labelの引数**という形式で生成され、あとで生成されるテキストボックスのid値と対応関係になります。ラベル文字列は、**指定されたフィールド名の先頭を大文字にしたもの**です。本書では割愛しますが、フィールドに日本語の表示名を紐づけている場合には、ここで日本語のラベルを表示することもできます。

このようにlabelビューヘルパーは、Diaryモデルクラスの定義に応じて、適切な〈label〉タグを出力してくれるのです。

◉ text_field ビューヘルパー

リスト 7-3（133ページ）の ❸ の text_field は、label 同様、フォームオブジェクトからテキストボックスの HTML タグである <input type='text'> タグを出力します。

▶ text_field ビューヘルパー

> **書式** **<%= form.text_field 引数, 属性名1: 値1, 属性名2: 値2, ... %>**
>
> -
>
> **概要** フォームオブジェクトの元になったオブジェクトに最適化されたテキストボックス用のタグを出力します。
>
> **パラメータ** **属性名** 出力する <input> タグに付与する id などの属性を指定

❸ の例では、引数に :title、id 属性に diary_title が指定されています。id 属性の値は必ずしも必要ではありませんが、Scaffold で自動生成した際に **モデル名_カラム名** の形式で自動的にセットされています。❸ のヘルパーでは、次の HTML が出力されます。

```
<input id="diary_title" type="text" name="diary[title]">
```

テキストボックス用の <input> タグは、type 属性が text となります。また、name 属性は、diary[title] のように、**オブジェクト名[引数]** のようなハッシュ形式であることがわかります。

その他、<input> タグに属性を指定したい場合は、**属性名:値** のようなハッシュを追加で指定します。たとえば、テキストボックスのサイズを指定する size 属性を付与したい場合は、次のようにします。

```
<%= form.text_field :title, id: :diary_title, size: 255 %>
```

この例で出力される HTML は次のとおりです。

```
<input id="diary_title" size="255" type="text" name="diary[title]">
```

◉ text_area ビューヘルパー

リスト 7-3（133ページ）の ❹ の text_area は、text_field 同様、フォームオブジェクトからテキストエリアの html タグである <textarea> タグを出力します。

▶ text_area ビューヘルパー

書式	<%= form.text_area 引数, 属性名1: 値1, 属性名2: 値2, ... %>
概要	フォームオブジェクトの元になったオブジェクトに最適化されたテキストエリア用のタグを出力します。
パラメータ	属性名　　出力する <input> タグに付与する属性を指定

❹の例では、引数に:body、id属性にdiary_bodyが指定されています。titleの❸同様、id属性の値は必ずしも必要ではありませんが、Scaffoldで自動生成した際に**モデル名_カラム名**の形式で自動的にセットされています。

❹のヘルパーでは、次のHTMLが出力されます。

```
<textarea id="diary_body" name="diary[body]"></textarea>
```

name属性は、**オブジェクト名[引数]**のような配列で指定されます。その他にも追加で属性を指定したい場合はtext_fieldメソッドと同じく、**属性名:値**形式のハッシュを引数に指定します。

◉ submit ビューヘルパー

リスト7-3（133ページ）の❺のsubmitは、<input type='submit'>タグ（サブミットボタン）を出力します。

▶ submit ビューヘルパー

書式	<%= form.submit %>
概要	フォームオブジェクトの元になったオブジェクトに最適化されたサブミットボタン用のタグを出力します。

❺の例では、フォームオブジェクトはDiaryモデルのインスタンスから生成されているので、次のHTMLが出力されます。

```
<input type="submit" name="commit" value="Create Diary" data-disable-with="Create Diary">
```

7

日記アプリの作成（登録編）

137

name属性は、commitがデフォルトです。value属性／data-disable-with属性は、デフォルトで「Create モデル名」のような値となります。

data-disable-with属性は、サブミットボタンの二重クリック防止のためのしかけです。サブミットボタンを一度クリックして、webブラウザからデータがサーバーに送信される間に待ち時間があると、何度もクリックしてしまいがちです。この属性を指定していると、2回目以降のクリックができなくなり、指定された値にボタンの文言が属性に指定された値に変わります。

少し長くなりましたが、これでデータ登録用の入力フォームに関わるファイルを一通り確認しました。次に、[Create Diary]ボタンをクリックした後、実際にデータベースにデータが登録される処理の流れを確認します。

◎ データ登録する処理の流れ

「http://localhost:3000/diaries/new」にアクセスして、新しい日記を入力し「Create Diary」ボタンをクリックすると、入力した日記データが新規作成される動作を確認しました。ここでは、「Create Diary」ボタンをクリックした後、日記データが登録されるまでのRailsアプリの内部的な動作を順を追って解説します。

「Create Diary」ボタンがクリックされた場合、サーバー側のRailsアプリはどのルーティングを参照するでしょうか。まず、先程確認したフォームタグを再度確認してみます。

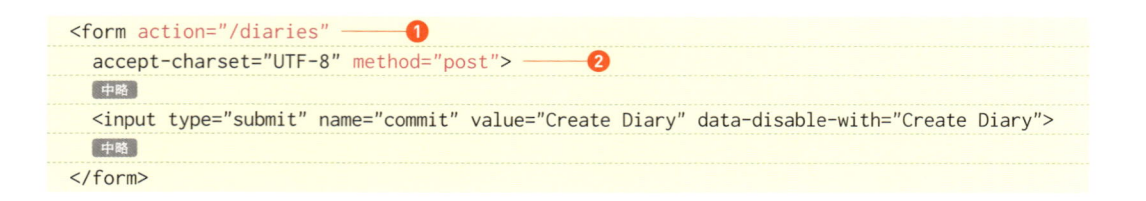

```
<form action="/diaries" ——①
  accept-charset="UTF-8" method="post"> ——②
  中略
  <input type="submit" name="commit" value="Create Diary" data-disable-with="Create Diary">
  中略
</form>
```

①／②のとおり、HTTPリクエストメソッドが**POST**、アクションが**/diaries**であることが確認できます。ルーティングを参照すると、対応する処理は、**Diariesコントローラーのcreateアクション**であることがわかります（赤字部分）。

```
> rails routes
Prefix       Verb    URI Pattern                Controller#Action
   diaries  GET     /diaries(.:format)         diaries#index
            POST    /diaries(.:format)         diaries#create
 new_diary  GET     /diaries/new(.:format)     diaries#new
edit_diary  GET     /diaries/:id/edit(.:format) diaries#edit
     diary  GET     /diaries/:id(.:format)     diaries#show
            PATCH   /diaries/:id(.:format)     diaries#update
            PUT     /diaries/:id(.:format)     diaries#update
            DELETE  /diaries/:id(.:format)     diaries#destroy
```

　Diariesコントローラーのcreateアクションにある処理が実行され、正常に日記データが登録されると、該当する日記データの表示画面に移動し、「Diary was successfully created.」というメッセージが表示画面に表示されます。

図7-4 日記データ登録処理の流れ

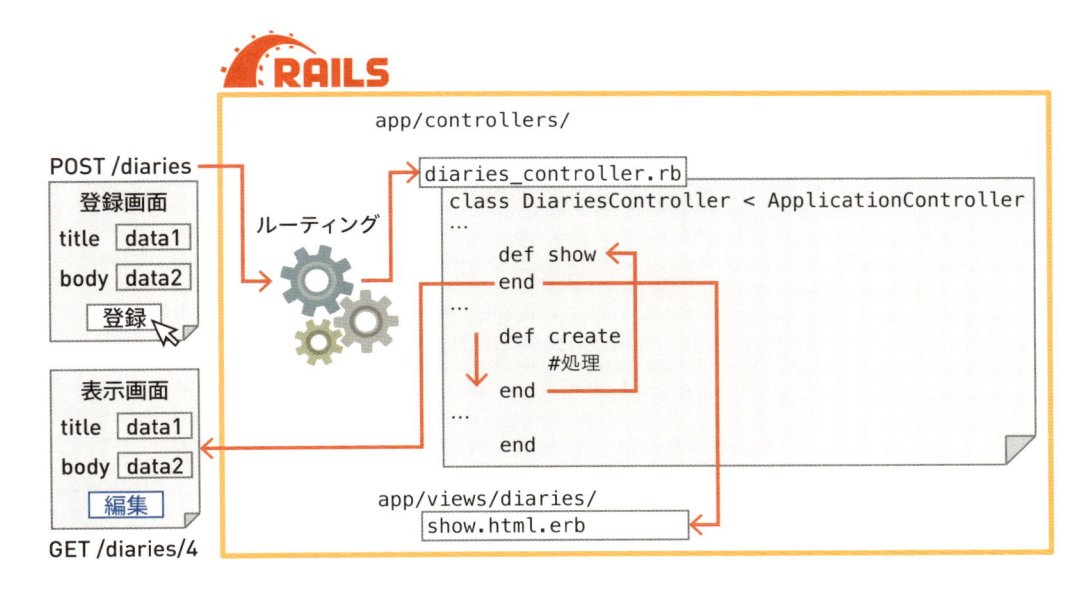

◎ データ登録時の処理に関わるファイル

◉ Strong Parameters とは

まずは、createアクションを確認します。

リスト7-4 app/controllers/diaries_controller.rb

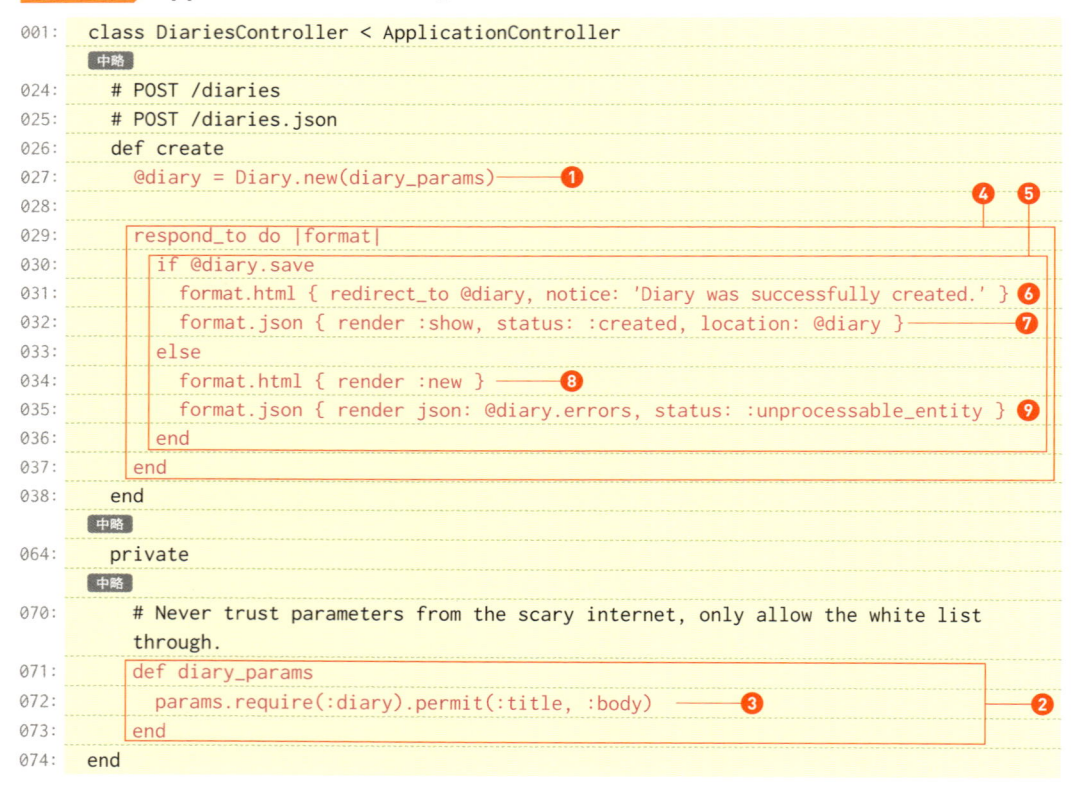

```ruby
001:  class DiariesController < ApplicationController
      中略
024:    # POST /diaries
025:    # POST /diaries.json
026:    def create
027:      @diary = Diary.new(diary_params)         ❶
028:
029:      respond_to do |format|
030:        if @diary.save
031:          format.html { redirect_to @diary, notice: 'Diary was successfully created.' }  ❻
032:          format.json { render :show, status: :created, location: @diary }  ❼
033:        else
034:          format.html { render :new }          ❽
035:          format.json { render json: @diary.errors, status: :unprocessable_entity }  ❾
036:        end
037:      end
038:    end
      中略
064:    private
      中略
070:      # Never trust parameters from the scary internet, only allow the white list
             through.
071:      def diary_params
072:        params.require(:diary).permit(:title, :body)      ❸
073:      end
074:  end
```

❶では、diary_paramsメソッドの戻り値を引数として、Diaryモデルのインスタンスを生成しています。具体的には、入力データを取得してインスタンスに代入しています。なお、**diary_paramsメソッド**は、Diariesコントローラーのprivateメソッドとして定義されています（❷）。これで入力フォームの値をハッシュとして返します。

diary_paramsメソッド（❸）では、フォームから送信されたデータをparamsメソッドで取得しています。params['diary']['title']であれば日記タイトルの入力データを、params['diary']['body']であれば日記本文の入力データを取得します。

paramsから呼ばれているrequire／permitメソッドは、フォームから送信されたデータを指定したものだけに限定するための仕組みです。**Strong Parameters（ストロングパラメーター）**と呼ばれます。

たとえば、不正な入力フォームからparams['diary']['id']の値が送信されても、更新データを日記タイトル（title）／日記本文（body）に限定するため、別IDの日記データが更新されてしまうのを防ぐことができます。

requireの引数には取得したいモデル名（＝フォームのname属性で指定したハッシュ名）を、permitの引数には列名（＝ハッシュ内のキー名）を、それぞれ指定します。複数のキーを指定する場合は、カンマ区切りで指定します。

▶ Strong Parameters（ストロングパラメーター）

> **書式** **params.require(モデル名).permit(キー1, キー2, ...)**
> --
> **概要** HTTPリクエストパラメーターから登録に必要なデータを指定します。
> **パラメータ** 戻り値 ｛キー1：値1，キー2：値2，...｝形式のハッシュ

❸の例では、name属性がdiary[title]とdiary[body]の2つのデータを受け付けます。データ登録した例では、次のようなハッシュが返されます。

```
{
  'title': '今日は山の日',
  'body': '山の日は2016年から始まった8月11日の祝日。'
}
```

● respond_toメソッド

リスト7-4（140ページ）の❹のrespond_toメソッドは、アクセスURLの末尾の拡張子によって処理を分ける場合に使用します。ブロック引数に拡張子を取り、ブロック内で拡張子毎の処理をブロックで定義します。

Railsでは拡張子に何も指定されていない場合、フォーマットはHTMLと判断されます。末尾に「.json」が付いている場合はフォーマットはJSONと判断されます。

▶ respond_to メソッド

> **書式**　respond_to do |format|
> 　　　format.html { リクエストフォーマットがHTMLの場合に実行する処理 }
> 　　　　　format.json { リクエストフォーマットがJSONの場合に実行する処理 }
> 　　end
>
> ---
>
> **概要**　リクエストフォーマットに応じて処理を分けることができます。
>
> **パラメータ**　**format**　リクエストフォーマット（html ／ json ／ xml ／ csv など）

COLUMN | **JSONとは**

　JSON とは、「JavaScript Object Notation」の略称で、データ表現の形式の1つです。Ruby のハッシュのような形式で、人が見てもわかりやすく、コンピューターでも扱いやすいデータ形式です。サーバー間でデータのやり取りをする場合によく使われます。

　たとえば「http://localhost:3000/diaries/1.json」にアクセスすると、次のような JSON が返ってきます。

```
{
  "id":1,
  "title":"今日は終日休暇",
  "body":"今日は仕事を休んで、公園で読書を楽しんだ。",
  "created_at":"2017-10-11T19:27:48.770+09:00",
  "updated_at":"2017-10-11T19:27:48.770+09:00",
  "url":"http://localhost:3000/diaries/1.json"
}
```

◉ webブラウザからデータ保存した場合の処理

　リスト 7-4（140 ページ）の❺のif〜else文では、まず、変数 @diary（Diary クラスのインスタンス）から save メソッドを呼び出し、データを保存します。具体的には、日記データのテーブルへの保存に当たります。save メソッドはデータの保存に成功したかどうかを true ／ false で返すので、その値に応じて実行する処理を分岐しています。

　正常にデータが保存された場合は、❻が実行され、データ保存が異常終了した場合は、❽が実行されます。❻を確認すると、**redirect_to** メソッドが呼び出されています。redirect_to メソッドは、指定した画面に強制的に移動させる命令です。

▶ **redirect_to メソッド**

書式	**redirect_to リダイレクト先, 出力するメッセージ**

概要	指定したリダイレクト先に出力したいメッセージを添えてリダイレクトします。
パラメータ	リダイレクト先　　　　　リダイレクトしたい URL などを指定 出力するメッセージ　　出力するメッセージの種類をキーに、メッセージを値に指定

❻の例では、1つ目の引数に @diary が指定されています。これは Rails アプリ内の URL の省略形で、先程保存した日記データの表示画面を意味します（CHAPTER 6 の SECTION 02 参照）。これで、保存した日記データの表示画面に強制的に移動させることになります。

2つ目の引数には移動先で出力するメッセージをハッシュ形式で指定できます。このメッセージのことを、**flash メッセージ**と呼びます。

flash メッセージを「notice:〜」のように指定した場合には、ビュー側でも notice 変数で参照できます。この例であれば、app/views/diaries/show.html.erb の <p id="notice"><%= notice %></p> という部分が、このメッセージを表示している箇所となります。

なお、❽の処理は、データ保存がうまくいかなかった場合に実行される処理で、render メソッドの引数に :new が指定されています。これによって、app/views/diaries/new.html.erb が呼ばれます。具体的には、編集画面のビューを表示しています。

◉ JSON 形式で呼ばれた場合の処理

リスト 7-4（140 ページ）の❼は、JSON 形式でアクセスされ、保存が正常に終了した場合の処理です。render メソッドに :show が指定されているので、この場合、app/views/diaries/show.json.jbuilder がビューとして呼ばれます。

COLUMN	jbuilder

jbuilder は、Rails が標準で採用する gem の1つで、JSON 形式のデータを出力するための簡単な記述方法を提供してくれるものです。ビューファイルの拡張子を「.json.jbuilder」とすると、そのビューファイル内で jbuilder が提供する記述を使うことができます。

7

日記アプリの作成（登録編）

引数の status: :created は、web サーバーからの応答結果を表すものです。:created の場合、内部的には201を表します。このような数字のことを、**HTTPステータスコード**と呼びます。HTTP ステータスコードは、インターネット上のサーバー同士のやり取りのための取り決めで、世界共通で定められています。201 という HTTP ステータスコードは、リクエストが成功し、新しいデータが作成されたことを表すものです。

location: @diary は、新しく登録された日記データの URL を表します。

次に、render メソッドから呼ばれる show.json.jbuilder を見てみましょう。

リスト **7-5** app/views/diaries/show.json.jbuilder

```
001:   json.partial! "diaries/diary", diary: @diary
```

この json.partial! は、_form.html.erb などの部分テンプレートと似た仕組みで、JBuilder 形式の部分テンプレートを呼び出します。

▶ json.partial! ビューヘルパー

> **書式** **json.partial! 部分テンプレート名, キー1: 値1, キー2: 値2, ...**
>
> **概要** 引数に指定した部分テンプレートを呼び出します。
>
> **パラメータ** **キー** 部分テンプレートで使える変数名
> **値** 部分テンプレートで使う変数に代入する値

1つ目の引数の diaries/diary は app/views フォルダからのパスを表します。この場合、app/views/diaries/_diary.json.jbuilder が呼ばれます。2つ目の引数は、部分テンプレートに対して diary 変数で @diary（Diary モデルのインスタンス）を渡します。

では、show.json.jbuilder から呼び出している _diary.json.jbuilder を見てみましょう。

リスト **7-6** app/views/diaries/_diary.json.jbuilder

```
001:   json.extract! diary, :id, :title, :body, :created_at, :updated_at
002:   json.url diary_url(diary, format: :json)
```

json.extract! は、モデルオブジェクトのカラム要素を指定して値を列挙します。

▶ **json.extract! ビューヘルパー**

> **書式** **json.extract! モデルオブジェクト, カラム要素1, カラム要素2, ...**
>
> ---
>
> **概要** モデルオブジェクトの指定したカラム要素の、キーと値のペアのハッシュを出力します。
>
> **パラメータ** **カラム要素** モデルオブジェクトのカラム要素をシンボルで指定

　json.urlの行は、urlというキーに対して、diary_url(diary, format: :json)という値を指定します。diary_urlの2つ目の引数にはformat: :jsonが指定されているので、たとえばdiaryのidが4の場合、この値は/diaries/4.jsonとなります。

　実際に「http://localhost:3000/diaries/4.json」にアクセスした場合は、次のような出力となります。

```
{
  "id":4,
  "title":"今日は山の日",
  "body":"山の日は2016年から始まった8月11日の祝日。",
  "created_at":"2017-08-11T18:57:40.522+09:00",
  "updated_at":"2017-08-11T18:57:40.522+09:00",
  "url":"http://localhost:3000/diaries/4.json"
}
```

　最後に、リスト7-4（140ページ）の❾の処理を確認します。この処理は、JSON形式で日記データの保存に失敗した場合に呼ばれます。この処理では、@diary.errorsで、全てのエラーメッセージをJSON形式で返しています。status: :unprocessable_entityは、422というHTTPステータスコードを表し、処理ができなかったことを意味します。

7

日記アプリの作成（登録編）

日記データを更新しよう

ここまで、日記データを登録する処理を確認しました。次は、webアプリから登録済の日記データを更新できることを確認します。データ更新処理の流れをおさえた上で、登録済の日記データを更新するプログラムを理解しましょう。

◎ 画面から既存の日記データを更新する

まず、Scaffoldで作成した日記アプリ上から、既存の日記データを更新します。

Scaffoldでアクセスできるようになった日記データの更新画面にアクセスし、先程登録したデータを更新します。先程登録したデータの更新画面には、rails sコマンドでPumaサーバーを起動した後、「http://localhost:3000/diaries/4/edit」に直接アクセスするか、一覧画面からIDが3のデータに該当するタイトルである［今日は山の日］リンクをクリックし、個別データ表示画面にアクセスし、［編集］リンクをクリックすることでアクセスできます。

図 7-5 `http://localhost:3000/diaries/4/edit`

編集画面でTitleのテキストボックスに「今日は海の日」と入力し、Bodyのテキストエリアに「海の日は1996年から始まった7月第3月曜日の祝日。」と入力し、［Update Diary］ボタンをクリックします。

日記データの更新が成功すると「Diary was successfully updated.」というメッセージが出力された、更新後の日記データ表示画面が表示されます。

図7-6 ▶ **データ更新直後の画面**

> ヘッダー
>
> Diary was successfully updated.
>
> **ID:** 4
>
> **タイトル:** 今日は海の日
>
> **本文:** 海の日は1996年から始まった7月第3月曜日の祝日。
>
> **登録日時:** 2018年02月03日 20時29分15秒
>
> **更新日時:** 2018年02月03日 20時35分50秒
>
> 編集 | 削除 | 一覧に戻る
> フッター

◎ 編集画面のフォームを表示する処理の流れ

ここからは、登録フォームの表示の仕組みと、データ登録の処理の仕組みを解説していきます。

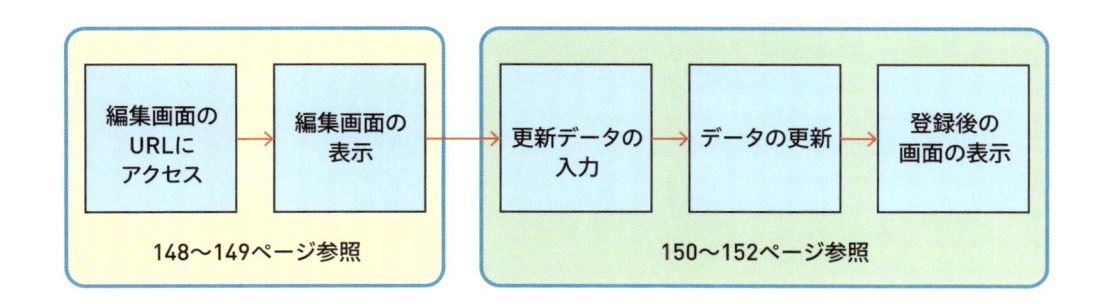

「http://localhost:3000/diaries/4/edit」へのアクセスは、ルーティングを再度確認すると、次のとおり、Diariesコントローラーのeditアクションが呼ばれることがわかります（赤字部分）。

```
> rails routes
Prefix  Verb    URI Pattern              Controller#Action
diaries GET     /diaries(.:format)              diaries#index
        POST    /diaries(.:format)              diaries#create
new_diary GET   /diaries/new(.:format)          diaries#new
edit_diary GET  /diaries/:id/edit(.:format) diaries#edit
    diary GET   /diaries/:id(.:format)          diaries#show
        PATCH   /diaries/:id(.:format)          diaries#update
        PUT     /diaries/:id(.:format)          diaries#update
        DELETE  /diaries/:id(.:format)          diaries#destroy
```

Diariesコントローラーのeditアクションにある処理が実行された後、対応するビューであるapp/views/diaries/edit.html.erbが呼び出されます。

詳細は後述しますが、edit.html.erbから、共通のビューであるapp/views/diaries/_form.html.erbが呼び出されます。

呼び出されたビューがレイアウトと共にRailsによって1つのHTMLに変換され、Pumaサーバーからクライアント側に送られて、webブラウザ上で入力フォームが表示されます。

図7-7 編集画面が表示される流れ

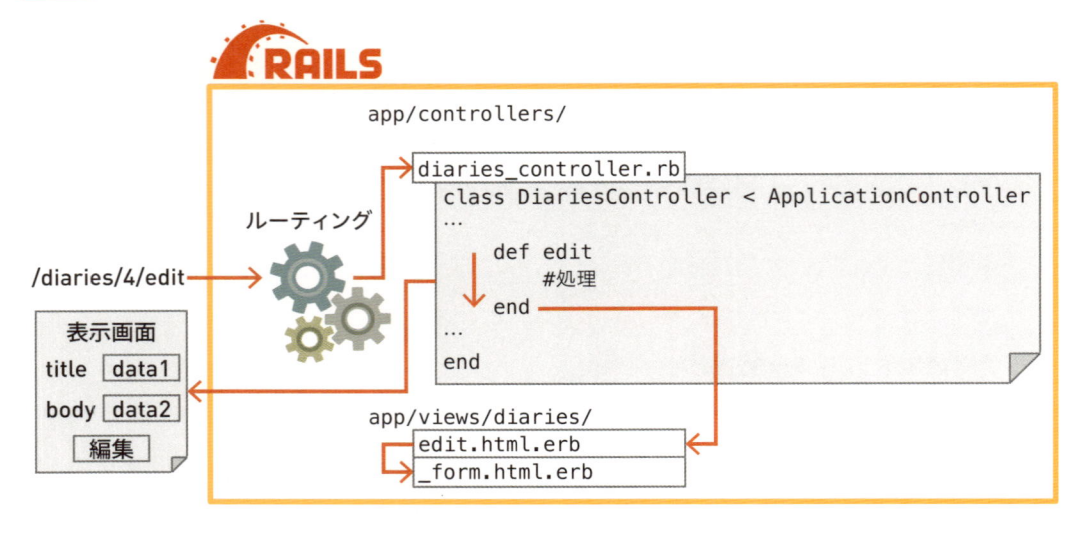

◎ 編集画面表示に関わるファイル

　ここからは、ソースコードを確認し、Railsで日記データの更新をどのように実現しているのか仕組みを理解しましょう。

　まずはデータ更新用の入力フォームを出力している箇所を確認します。

● editアクションを確認する

　日記データの登録画面に対応するアクションは、**Diariesコントローラーのeditアクション**です。Scaffoldによって自動生成された処理を確認します。

リスト **7-7**　**app/controllers/diaries_controller.rb**

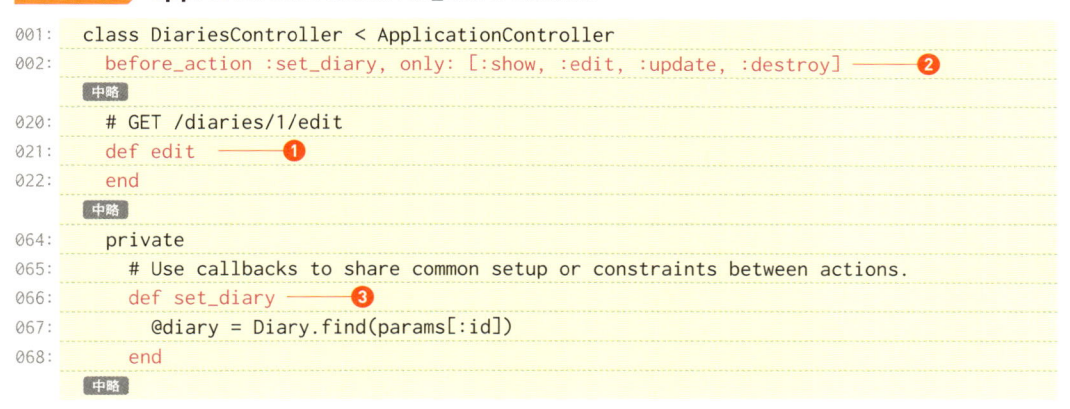

```
001:    class DiariesController < ApplicationController
002:      before_action :set_diary, only: [:show, :edit, :update, :destroy]  ──②
中略
020:      # GET /diaries/1/edit
021:      def edit  ──①
022:      end
中略
064:      private
065:        # Use callbacks to share common setup or constraints between actions.
066:        def set_diary  ──③
067:          @diary = Diary.find(params[:id])
068:        end
中略
```

　❶のeditアクションには何も処理が記述されていません。しかし、showアクションと同じく（CHAPTER 6のSECTION 03参照）、クラス定義の直後にある❷のbefore_actionメソッドにeditアクションが指定されていることから、❸のset_diaryメソッドが事前に呼び出されます。

● 対応するビューを確認する

　Scaffoldによって自動生成されたビューファイルを確認します。

　Diariesコントローラーのeditアクションに対応するビューファイルは、app/views/diaries/edit.html.erbです。

```
001:   <h1>Editing Diary</h1>
002:
003:   <%= render 'form', diary: @diary %>
004:
005:   <%= link_to 'Show', @diary %> |
006:   <%= link_to 'Back', diaries_path %>
```

　このファイルは、データの新規作成時に呼び出される new.html.erb とほとんど同じです。違いは <h1> タグに指定されている文字列と、個別データ表示画面への［Show］リンクを出力している link_to タグの有無です。

　新規登録時も更新時も入力フォームに違いがないので、このように render メソッドで部分テンプレート（**CHAPTER 7** の **SECTION 01** 参照）を呼び出すことで共通化しています。

◉ データ更新時の入力フォームの **html** を確認する

　部分テンプレートは同じでも、データ登録時と更新時では実際に出力されるフォーム用の html には違いがあります。データ登録時とデータ更新時のフォーム用 HTML を比較すると次のようになっています。

● データ登録時のフォーム用 HTML

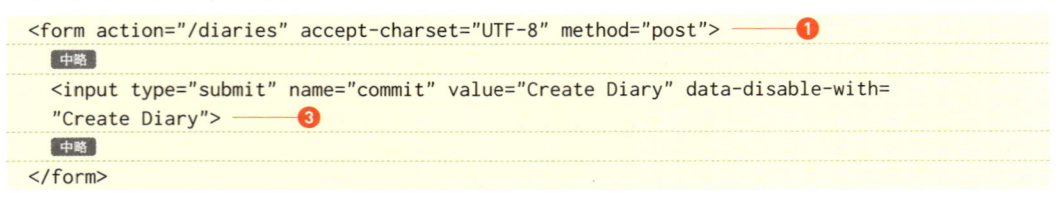

● データ更新時のフォーム用 HTML

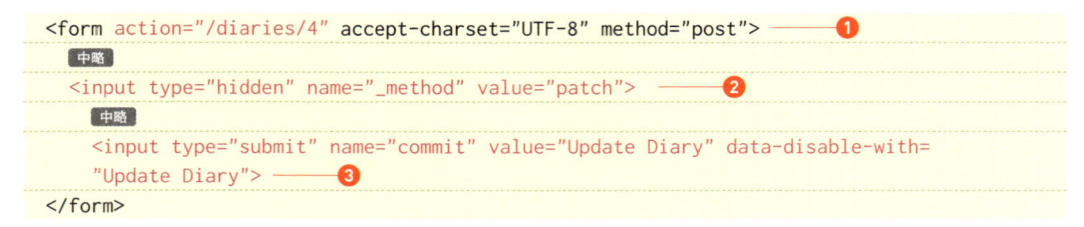

データ登録時とデータ更新時のフォームタグの違いをまとめると次のとおりです。

表7-1 ▶ **データ登録時とデータ更新時のフォームタグの違い**

htmlタグ	データ登録時	データ更新時
❶ \<form\>タグのaction属性	/diaries	/diaries/4
❷ リクエストメソッド用隠しデータタグ	なし	あり
❸ サブミットボタン用タグのvalue／data-disable-with属性	Create Diary	Update Diary

　この違いは、form_withヘルパーメソッドの引数に空のモデルインスタンスか、既存のデータを持ったモデルインスタンスを渡すかによって生じます。このように、form_withメソッドを利用することで、モデルの状態に応じて出力を切り替えられるのです。

　❷の隠しデータは、データをPATCHという命令で送信しなさい、という意味です。PATCHは、サーバ上のデータを更新するための命令です。

◎ データ更新処理の流れ

　「http://localhost:3000/diaries/4/edit」にアクセスして、日記データを編集し「Update Diary」ボタンをクリックすると、入力した日記データで更新される動作を確認しました。ここでは、「Update Diary」ボタンをクリックした後、日記データが更新されるまでのRailsアプリの内部的な動作を、順を追って解説します。

　「Update Diary」ボタンがクリックされた場合、サーバー側のRailsアプリはどのルーティングを参照するでしょうか。再度編集画面の入力フォームのHTMLを確認すると、次のようになっています。

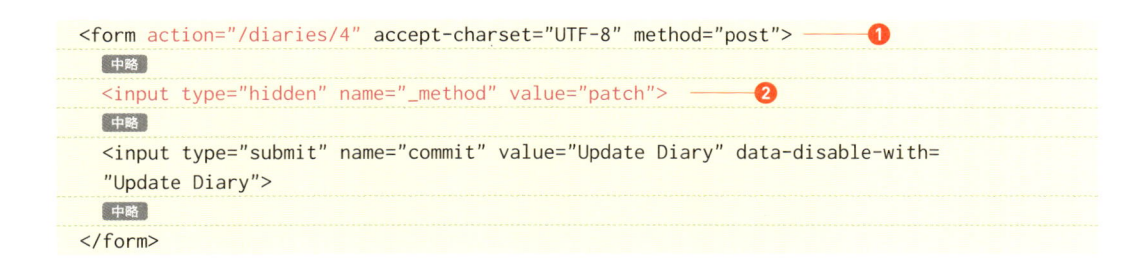

```
<form action="/diaries/4" accept-charset="UTF-8" method="post">     ❶
  中略
  <input type="hidden" name="_method" value="patch">     ❷
  中略
  <input type="submit" name="commit" value="Update Diary" data-disable-with=
  "Update Diary">
  中略
</form>
```

　❶／❷のとおり、HTTPリクエストメソッドが**PATCH**、アクションが**/diaries/4**であることが確認できます。ルーティングに照らすと対応する処理は、**Diariesコントローラーのupdateアクション**であることがわかります（赤字部分）。

```
> rails routes
Prefix  Verb     URI Pattern         Controller#Action
diaries GET      /diaries(.:format)              diaries#index
        POST     /diaries(.:format)              diaries#create
 new_diary GET   /diaries/new(.:format)          diaries#new
edit_diary GET   /diaries/:id/edit(.:format)     diaries#edit
    diary GET    /diaries/:id(.:format)          diaries#show
          PATCH  /diaries/:id(.:format)          diaries#update
          PUT    /diaries/:id(.:format)          diaries#update
          DELETE /diaries/:id(.:format)          diaries#destroy
```

　Diariesコントローラーのupdateアクションにある処理が実行され、正常に日記データが登録されると、該当する日記データの表示画面に移動し、「Diary was successfully updated.」というメッセージが表示画面に表示されます。

図7-8 日記データ更新処理の流れ

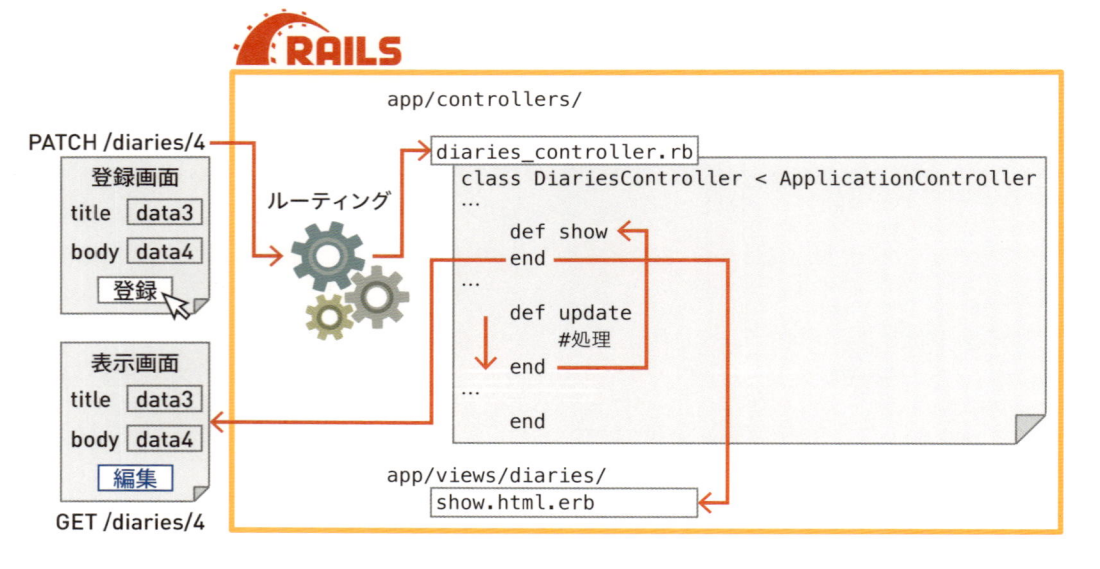

◎ データ更新に関わるファイル

次に、Railsで日記データの更新処理をどのように実現しているのかソースコードを理解しましょう。

◉ updateアクションを確認する

先程データ更新時のフォームタグを確認したとおり、データ更新時は/diaries/4に対してアクセスします。ルーティングからこの処理に該当するのは**Diariesコントローラーのupdateアクション**です。

データ更新処理を行うupdateアクションを確認します。

リスト 7-9 ▶ **app/controllers/diaries_controller.rb**

```
001: class DiariesController < ApplicationController
002:   before_action :set_diary, only: [:show, :edit, :update, :destroy] ——❶
     中略
040:   # PATCH/PUT /diaries/1
041:   # PATCH/PUT /diaries/1.json
042:   def update ——❸
043:     respond_to do |format|
044:       if @diary.update(diary_params) ——❹               ❺
045:         format.html { redirect_to @diary, notice: 'Diary was successfully updated.' }
046:         format.json { render :show, status: :ok, location: @diary }
047:       else
048:         format.html { render :edit }
049:         format.json { render json: @diary.errors, status: :unprocessable_entity }
050:       end
051:     end
052:   end ——❸
     中略
064:   private
065:     # Use callbacks to share common setup or constraints between actions.
066:     def set_diary ——❷
067:       @diary = Diary.find(params[:id])
068:     end ——❷
069:
070:     # Never trust parameters from the scary internet, only allow the white list
         through.
071:     def diary_params
072:       params.require(:diary).permit(:title, :body)
073:     end
074: end
```

❶のbefore_actionにupdateアクションも指定されているので、アクションの処理が実行される前に❷のset_diaryメソッドが呼び出されます。これで、指定したIDに一致する日記データを取得します。❸のupdateアクションの処理内容はほとんどcreateアクションの処理と同様の流れです。以下、createアクションの処理を再掲しておきます。

リスト7-10 `app/controllers/diaries_controller.rb`

```
      中略
024:     # POST /diaries
025:     # POST /diaries.json
026:     def create
027:       @diary = Diary.new(diary_params)
028:
029:       respond_to do |format|
030:         if @diary.save
031:           format.html { redirect_to @diary, notice: 'Diary was successfully created.' }
032:           format.json { render :show, status: :created, location: @diary }
033:         else
034:           format.html { render :new }
035:           format.json { render json: @diary.errors, status: :unprocessable_entity }
036:         end
037:       end
038:     end
```

違いは、createアクションではフォームから取得した値を引数として、Diaryモデルインスタンスを@diaryに代入していますが、updateアクションではset_diaryメソッドを呼び出して指定されたidのDiaryモデルインスタンスを@diaryに代入している点、❹の@diary変数から呼ぶActiveRecordのメソッドが、saveではなくupdateとなっている点、❺のflashメッセージが「created」ではなく「updated」となっている点の3つです。❹では、テーブル上の日記データを更新しています。❺では更新した日記データの表示画面に強制的に移動しています。

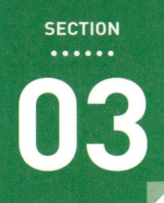

日記データを削除しよう

ここまで、日記データを登録／更新する処理を確認しました。ここではまず、webアプリから登録済の日記データを削除できることを確認します。次に、データ削除処理の流れをおさえた上で、登録済の日記データを削除するプログラムを確認します。

◎ 画面からデータを削除する

　Scaffoldで作成した日記アプリ上から、既存の日記データを削除してみましょう。また、データ削除に関わるファイルを確認し、Railsアプリ上でどのようにデータ削除が実装されているのか、理解を深めましょう。

　先程登録／更新したデータを削除します。Pumaサーバーを起動し、「http://localhost:3000/diaries/4」にアクセスします。

図7-9 http://localhost:3000/diaries/4

```
ヘッダー

ID: 4

タイトル: 今日は海の日

本文: 海の日は1996年から始まった7月第3月曜日の祝日。

登録日時: 2018年02月03日 20時29分15秒

更新日時: 2018年02月03日 20時35分50秒

編集 | 削除 | 一覧に戻る
フッター
```

データ表示画面の［削除］ボタンをクリックすると「本当に削除しますか？」という確認ダイアログが表示されるので、［OK］ボタンをクリックします。

図7-10 データ削除の確認ダイアログ

日記データの削除が成功すると「Diary was successfully destroyed.」というメッセージが出力された、日記データ一覧画面が表示されます。

図7-11 データ削除直後の画面

> ヘッダー
>
> Diary was successfully destroyed.
>
> # 日記一覧画面
>
> | ID | タイトル | 登録日時 | 更新日時 |
> |----|---------|---------|---------|
> | 1 | 今日は終日休暇 | 2018年01月22日 16時23分57秒 | 2018年01月22日 16時23分57秒 |
> | 2 | 今日の天気 | 2018年01月22日 16時23分57秒 | 2018年01月22日 16時23分57秒 |
>
> 日記を新規作成
> フッター

◎ データ削除処理の流れ

「http://localhost:3000/diaries/4」にアクセスして、「削除」ボタンをクリックすると、日記データが削除される動作を確認しました。ここでは、「削除」ボタンをクリックした後、日記データが更新されるまでのRailsアプリの内部的な動作を順を追って解説します。

「削除」ボタンがクリックされた場合、サーバー側のRailsアプリはルーティングを参照し、**Diaries コントローラーのdestroy アクション**を呼びます。

```
> rails routes
Prefix     Verb    URI Pattern              Controller#Action
diaries GET     /diaries(.:format)            diaries#index
           POST    /diaries(.:format)            diaries#create
 new_diary GET     /diaries/new(.:format)        diaries#new
edit_diary GET     /diaries/:id/edit(.:format) diaries#edit
     diary GET     /diaries/:id(.:format)        diaries#show
           PATCH   /diaries/:id(.:format)        diaries#update
           PUT     /diaries/:id(.:format)        diaries#update
           DELETE /diaries/:id(.:format)        diaries#destroy
```

Diariesコントローラーのdestroyアクションにある処理が実行され、正常に日記データが削除されると、日記データの一覧画面に移動し、「Diary was successfully destroyed.」というメッセージが画面に表示されます。

図7-12 日記データ削除処理の流れ

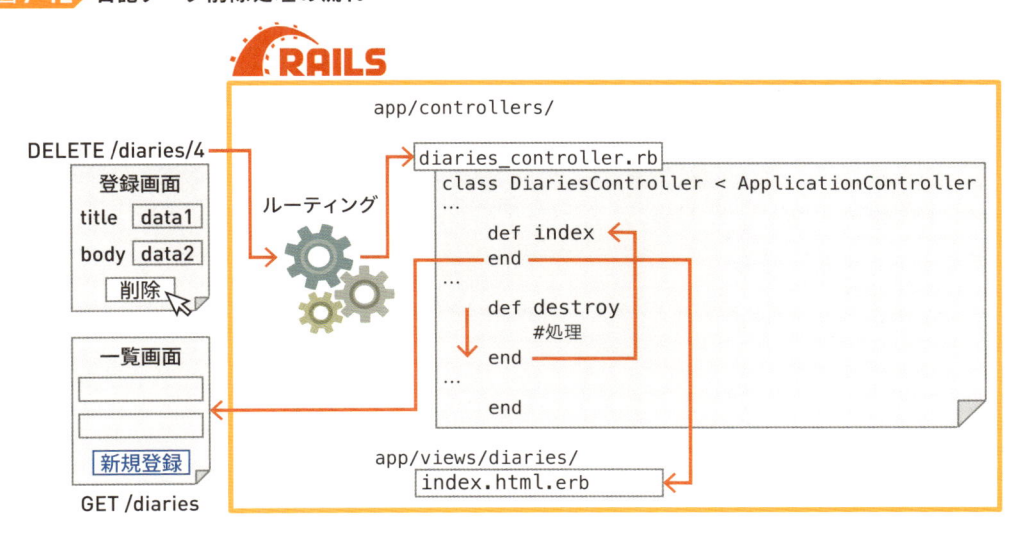

◎ データ削除に関わるファイル

　次に、Rails で日記データの削除処理をどのように実現しているのかソースコードを理解しましょう。まずはデータ更新用の入力フォームを出力している箇所を確認します。

◉ 削除リンクの html を確認する

　個別データ表示画面に出力される削除リンクは、次の link_to ビューヘルパーによって出力されています（CHAPTER 6 の SECTION 02 参照）。

リスト 7-11 **app/views/diaries/show.html.erb**

```
<%= link_to '削除', @diary, method: :delete, data: { confirm: '本当に削除しますか？' } %> |
```

　このビューヘルパーにより出力されるタグは、次のようなものです。

```
<a data-confirm="本当に削除しますか？" rel="nofollow" data-method="delete" href="/
diaries/4">削除</a>
```

COLUMN | **<a>タグの rel 属性**

　<a>タグの **rel 属性**は、表示ページから見た場合のリンク先の位置付けを表すものです。rel 属性が「nofollow」の場合は、重要でないリンクであることを表しています。

　この場合、リクエストメソッドが **DELETE**、リクエスト先が **/diaries/4** となります。ルーティングからこの処理に該当するのは **Diaries コントローラーの destroy アクション**です。

◉ destroyアクションを確認する

データ削除処理を行うdestroyアクションを確認します。

リスト 7-12 **app/controllers/diaries_controller.rb**

```
001:  class DiariesController < ApplicationController
002:    before_action :set_diary, only: [:show, :edit, :update, :destroy]      ❶
      中略
054:    # DELETE /diaries/1
055:    # DELETE /diaries/1.json
056:    def destroy
057:      @diary.destroy      ❸                                    ❹
058:      respond_to do |format|                         ❺ 一覧画面に強制的に移動
059:        format.html { redirect_to diaries_url,
                         notice: 'Diary was successfully destroyed.' }
060:        format.json { head :no_content }      ❻
061:      end
062:    end
063:
064:    private
065:    # Use callbacks to share common setup or constraints between actions.
066:    def set_diary      ❷
067:      @diary = Diary.find(params[:id])
068:    end
      中略
```

これまでのその他アクションと同様に、❶のbefore_actionにdestroyアクションも指定されているので、❷のset_diaryメソッドが前処理として呼ばれます。あとは、❷で取得したDiaryモデルインスタンスのdestroyメソッドを呼び出して（❸）、diariesテーブルからレコードを削除しています。

respond_toメソッドは、拡張子ごとの処理です（❹）。

webブラウザーからデータを削除した場合は❺が実行されます。redirect_toメソッドでflashメッセージを指定して一覧画面に強制的に移動しています。

❻はJSON形式でリクエストがあった場合の処理で、headメソッドはステータスコードのみで空のコンテンツを返すものです。:no_contentはステータスコード204（コンテンツがない）ことを表します。

以上、本CHAPTERではまず、Scaffoldによって自動生成されたRailsアプリ上で、日記データを新規登録する動作を確認しました。次に、日記データの登録画面が表示されるまでの処理の流れを確認し、動作を定義しているファイルを確認しながらどのように登録画面が実装されているかの理解を深めました。同様に、編集画面とデータ更新／削除についても確認しました。

7

日記アプリの作成（登録編）

ここまでCHAPTER 6／CHAPTER 7を通して、Scaffoldによって自動生成されたRailsアプリのひな型を一通り確認しました。

　本書最後となる次のCHAPTERでは、開発した日記アプリに検証ルールを追加し、検証エラーの動作を確認しながら、Railsの入力フォームについて理解を深めていきます。

COLUMN | 物理削除と論理削除

　ActiveRecordが提供するdestroyメソッドが呼び出されると、ActiveRecordを通じてdelete文（80ページ参照）がデータベース上で実行され、テーブルに格納されていたレコードは完全に削除されます。destroyメソッドが呼び出される前に存在していたレコードを参照することはもう二度とできません。このように、テーブルから完全にレコードを削除することを**物理削除**と呼びます。

　一方、レコードを完全に削除せず、「削除したレコードとみなせるようにする」方法があります。たとえば、テーブルに削除されたことを示すdeletedというカラムを追加して、deletedカラムの値が1なら削除扱いにするなどの方法があります。このように、テーブルからレコードは削除せず特定のルールにしたがって削除扱いとすることを**論理削除**と呼びます。

　論理削除の例では他にも、deleted_atというカラムを追加して、値がNULLなら削除されていないとみなし、値が特定の日時ならその日時に削除されたとみなす方法もあります。

検証機能の実装

01 検証ルールを実装しよう

ここまで開発してきた日記アプリは、タイトルや本文を何も入力しなくても、日記を登録できてしまいます。このようなデータを登録できないようにするため、ここでは ActiveRecord に備わっている検証ルールを追加します。

◎ 空でないことを確認する検証ルールを追加する

◎ バリデーション

　現状では、日記データを登録するにあたりタイトルと本文に何も入力されていないと、意味のないレコードが diaries テーブルにできてしまいます。その他にも、データとして数字や特定の文字列だけを受け付けたい場合もあります。

　このように意味のないデータやあらかじめ想定しないデータが登録されてしまうことを防ぐために、データを登録する前にモデルに検証ルールを実装することができます。このような検証ルールの処理のことを**バリデーション**と呼びます。

図8-1 バリデーションとは

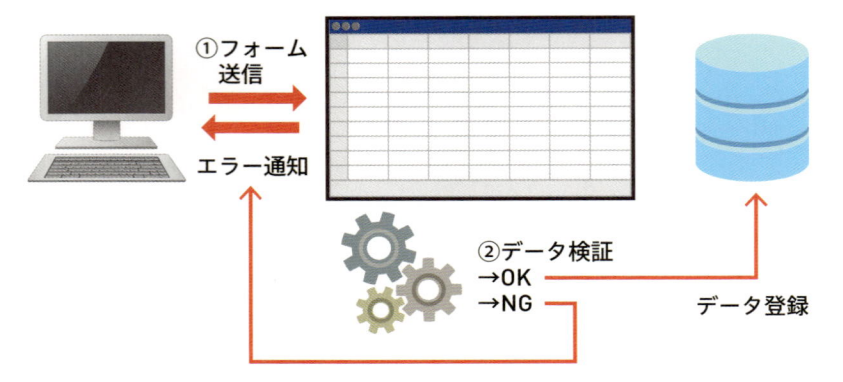

　現時点では、タイトルと本文を何も入力せずに空（未入力またはnil）で登録できることをRailsアプリ上から確認します。

　rails sコマンドを実行し、Pumaサーバーを起動して「http://localhost:3000/diaries/new」にアクセスし、タイトルと本文を空のままで「Create Diary」ボタンをクリックします。登録された日記データの表示画面が表示され、タイトルと本文が空で登録されていることがわかります。

図8-2 タイトルと本文が空のデータ登録

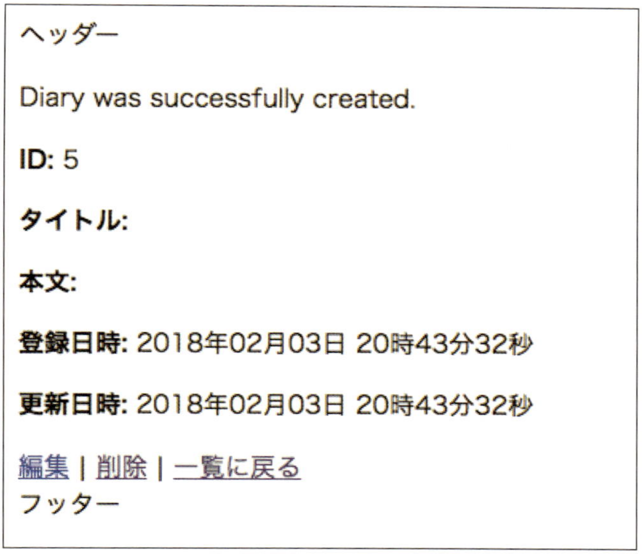

ヘッダー

Diary was successfully created.

ID: 5

タイトル:

本文:

登録日時: 2018年02月03日 20時43分32秒

更新日時: 2018年02月03日 20時43分32秒

編集 | 削除 | 一覧に戻る
フッター

◉ 検証ルールをモデルクラスに追加する

　タイトル／本文を空データで登録できないようにする検証ルールを追加します。検証ルールは**validatesメソッド**を用いて指定します。

▶ **validatesメソッド**

書式	**validates カラム名, 検証ルール**
概要	モデルクラスに検証ルールを追加します。
パラメータ	カラム名　　テーブルのカラム名をシンボルで指定 検証ルール　ActiveRecordが提供する検証ルールの種類をシンボルで指定

ActiveRecordが提供する検証ルールにはさまざまなものが提供されています。ここではデータが存在することをチェックする検証ルールである、presence: trueを指定します。この設定では、presenceというキーがデータの存在をチェックする検証処理の名前をあらわしており、trueという値がデータの存在チェックをONにせよ、という意味になります。

リスト 8-1　**app/models/diary.rb**

```
001:  class Diary < ApplicationRecord
002:    validates :title, presence: true
003:    validates :body, presence: true
004:  end
```

　次に、Rails上から、空のデータが登録ができないことを確認します。

　rails s コマンドでPumaサーバーを起動後、新規登録画面（/diaries/new）にアクセスし、タイトル／本文に何も入力せずに［Create Diary］ボタンをクリックします。

　すると、次のように「Title can't be blank」「Body can't be blank」というエラーメッセージが表示されました。空のデータが登録できないようになっていることがわかります。

図 8-3　**エラーメッセージの確認**

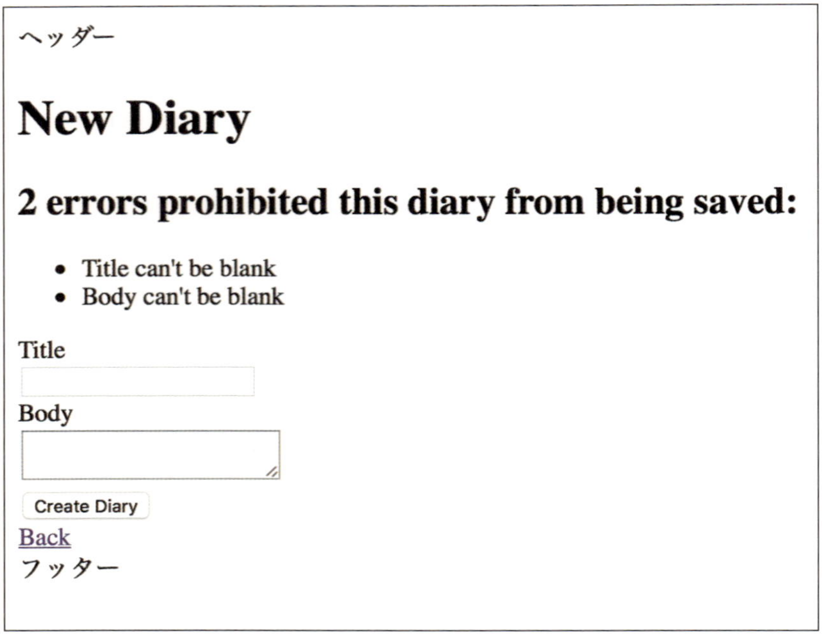

ヘッダー

New Diary

2 errors prohibited this diary from being saved:

- Title can't be blank
- Body can't be blank

Title

Body

Create Diary
Back
フッター

◎ 長さの上限を指定する検証ルールを追加する

　日記のタイトルや本文には、それぞれ適切な長さが異なります。一般的にタイトルの方が短く、本文は長いでしょう。また、利用するデータベースによっては、文字列のデータ型ごとに格納できる長さに上限がある場合があります。このような場合に、上限を超えた文字列を受け付けないようにする検証ルールを追加します。

　ここでは、次のような検証ルールを追加しましょう。

表8-1 追加する文字列の長さの上限

カラム	長さの上限
title（タイトル）	255文字
body（本文）	10,000文字

　長さの上限を検証ルールとして指定するには、validates メソッドの検証ルールに**length オプション**を指定します。

▶ validates メソッドの length オプション

> **書式**　**validates カラム名（シンボル）, length: { 長さ制限のオプション }**
>
> **概要**　カラムの長さの上限を検証ルールとして指定します。

　長さ制限のオプションには、さまざまな種類があります。上限を指定するには、**maximum: 数値**を使用します。長さ制限のオプションをまとめると、次のような指定方法があります。

表8-2 length のオプションの種類

length オプション	意味	指定例
maximum	長さの上限	maximum: 255
minimum	長さの下限	minimum: 2
in	長さの範囲	in: 2..255
is	長さの指定	is: 6

タイトル／本文の長さ上限を、次のように指定します。

リスト 8-2 app/models/diary.rb

```
001:  class Diary < ApplicationRecord
002:    validates :title, presence: true, length: { maximum: 255 }
003:    validates :body, presence: true, length: { maximum: 10_000 }
004:  end
```

COLUMN | **わかりやすい数字を定義する**

Rubyでは、数値型（Integer）の値を定義する際に、数字の間に **_（アンダースコア）** を挟むことができます。大きな数字を表現する場合、3桁毎に入れるカンマ（例：10,000など）の代わりにアンダースコアを用いて記述し、人が見てわかりやすい表現とすることができます。

　Pumaサーバーを起動してブラウザ上で新規登録画面にアクセスし、タイトルに256文字以上、本文に10,001文字以上を入力して［Create Diary］ボタンをクリックすると、次のように「Title is too long」「Body is too long」というエラーメッセージが確認できます。

図 8-4 長さの上限エラー

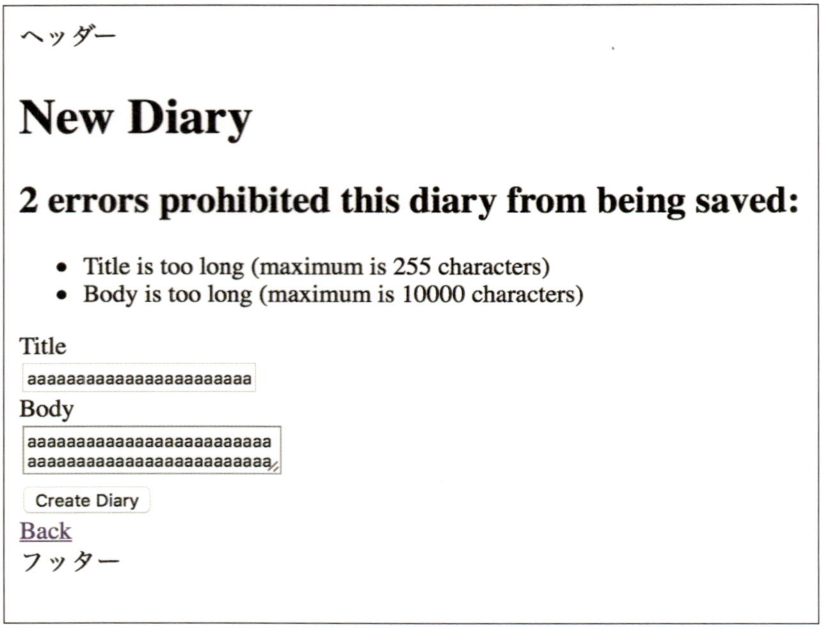

ヘッダー

New Diary

2 errors prohibited this diary from being saved:

- Title is too long (maximum is 255 characters)
- Body is too long (maximum is 10000 characters)

Title

aaaaaaaaaaaaaaaaaaaaaaaaa

Body

aaaaaaaaaaaaaaaaaaaaaaaaa
aaaaaaaaaaaaaaaaaaaaaaaaaa

Create Diary

Back

フッター

❷は、new.html.erbのビューをレンダリングします。部分テンプレート（CHAPTER 7のSECTION 01参照）に切り出された入力フォーム用のビューを確認します。

リスト8-4 app/views/diaries/_form.html.erb

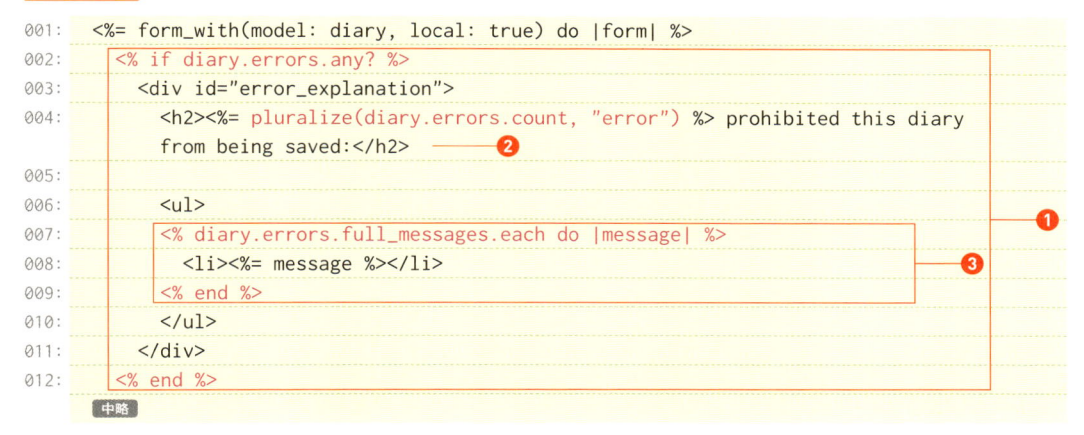

```erb
001: <%= form_with(model: diary, local: true) do |form| %>
002:   <% if diary.errors.any? %>
003:     <div id="error_explanation">
004:       <h2><%= pluralize(diary.errors.count, "error") %> prohibited this diary
            from being saved:</h2>
005:
006:       <ul>
007:       <% diary.errors.full_messages.each do |message| %>
008:         <li><%= message %></li>
009:       <% end %>
010:       </ul>
011:     </div>
012:   <% end %>
```
中略

❶の**errors**メソッドは、検証結果のエラーオブジェクトを取得します。any?はRubyのメソッドで、エラーオブジェクトが1つでも存在していたらtrueを返します。つまり、検証エラーが発生した場合、❶のif文のブロックが実行されます。

❷の**pluralize**は、Railsが提供するヘルパーメソッドです。

▶ pluralizeヘルパーメソッド

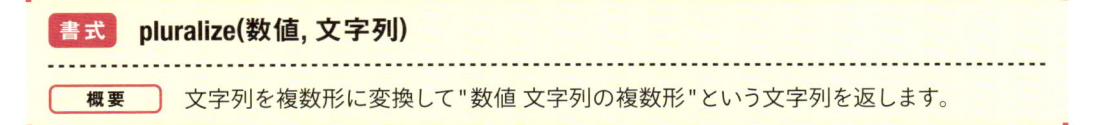

書式　**pluralize(数値, 文字列)**

概要　文字列を複数形に変換して"数値 文字列の複数形"という文字列を返します。

❷の例では、第1引数に指定されているdiary.errors.countは発生したエラーの数です。第2引数にはerrorが指定されているのでその複数形は**errors**となります。エラーの発生数が2つの場合は「2 errors」という文字列を返します。

❸のブロックのdiary.errorsの後の**full_messages**メソッドは、発生したエラーメッセージ全てを文字列の配列として返します。その後、eachメソッドでループしてエラーメッセージを全て<li>タグとして表示しています。

これまで確認してきたエラーメッセージである「Title can't be blank」「Body is too long」などに該当します。

◎ Scaffoldで自動生成されたスタイルシートを組み込む

　検証エラーが発生した場合のエラーメッセージは、Scaffoldのデフォルトのままだと味気ない文字列として表示されてしまっていました。実は、Scaffold実行時に共通デザイン用のスタイルシートがscaffolds.scssとして自動生成されています。

　拡張子「.scss」のファイルは、**SCSS（サス）** と呼ばれる、HTMLにスタイルを適用するCSSをよりプログラムのように効率的に記述できるものです。RailsではSCSSが標準で採用されていて、SCSS形式で記述したものが自動的にCSSに変換される仕組みが備わっています。

　まず実際に自動生成されたscaffolds.scssの中身のうち、エラーメッセージに関わる部分の記述を確認してみましょう。

リスト 8-5 ▶ app/assets/stylesheets/scaffolds.scss

中略

```
053: .field_with_errors {
054:     padding: 2px;            ──②
055:     background-color: red;              ──①
056:     display: table;
057: }
058:
059: #error_explanation {
060:     width: 450px;
061:     border: 2px solid red;
062:     padding: 7px 7px 0;
063:     margin-bottom: 20px;
064:     background-color: #f0f0f0;
065:
066:     h2 {
067:         text-align: left;
068:         font-weight: bold;
069:         padding: 5px 5px 5px 15px;
070:         font-size: 12px;            ──④  ──③
071:         margin: -7px -7px 0;
072:         background-color: #c00;
073:         color: #fff;
074:     }
075:
076:     ul li {
077:         font-size: 12px;
078:         list-style: square;
079:     }
080: }
```

中略

SCSS形式は、基本的な構文はCSSと同じような形式で記述されます。

HTMLのIDやクラスなどのセレクターに対して{}で囲み、括弧の中で「プロパティ：値;」の形式で記述されている点はCSSと全く同じです。たとえば、scaffolds.scssの❶の部分はセレクターで、field_with_errorsクラスをあらわしています。

❷の部分がプロパティとその値のセットで、領域内のスペースを定義するパディングに2ピクセルを指定しています。エラーが発生した場合、タイトルと本文の入力フォームにfield_with_errorsクラスが自動的に付与され、ここで定義したスタイルが適用されています。

SCSS形式でCSSと違う特徴的な記述方法は、❹のh2タグのように❸のセレクターの中にぶら下げて記述できることです。このように記述することで、error_explanationというIDを持つ要素の子要素として存在するh2タグに対してスタイルを適用することができ、直感的に階層構造がイメージしやすく、スタイルシートの見通しも良くなります。

次に、このエラーメッセージ用のスタイル定義を適用する必要があります。scaffolds.scssをサイト全体に適用するため、次の記述を追加します。

> **リスト 8-6** **app/assets/stylesheets/application.css**

```
中略
013:    *= require_self
014:    *= require scaffolds
015:    */
```

application.cssに= require scaffoldsを追記することで、Railsはapp/assets/stylesheets/配下のscaffolds.cssまたはscaffolds.scssを探して読み込んでくれるようになります。

Pumaサーバーを起動し、ブラウザで新規登録画面（/diaries/new）にアクセスし、タイトル／本文に何も入力せず［Create Diary］ボタンをクリックすると、エラーが発生した箇所にスタイルが適用されていることが確認できます。

8

検証機能の実装

図 8-5 scaffolds.scss 適用後のエラーメッセージ

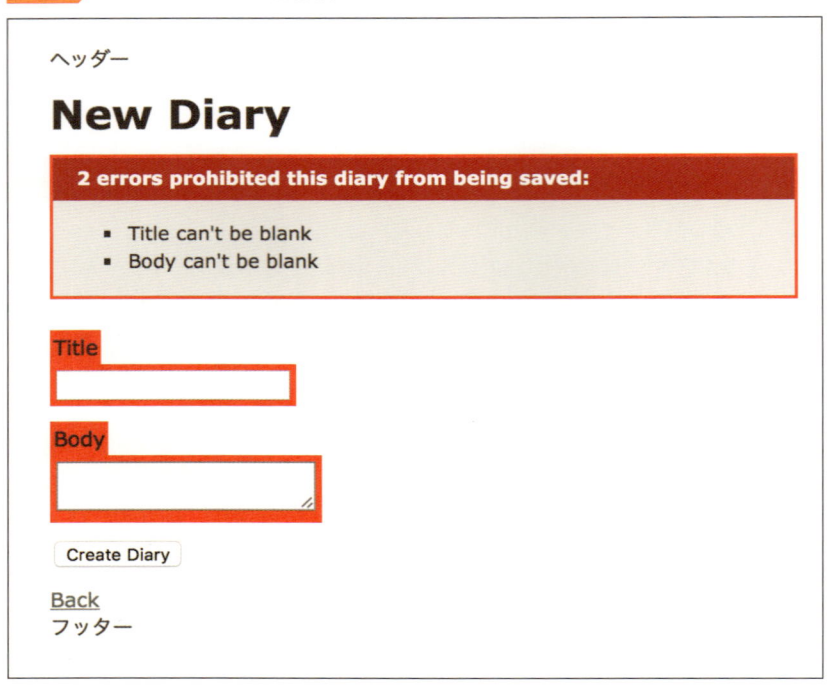

なお、適用されたスタイルを変更したい場合は、先程適用した scaffolds.scss の該当部分を修正することで対応可能です。

8

検証機能の実装

03

独自の検証ルールを
実装しよう

あらかじめ提供されている検証ルールも豊富にありますが、独自の検証ルールを新たに定義することもできます。本書の最後として、ここでは独自の検証ルールを実装する方法を解説します。

◎ 独自の検証ルールを実装する方法を理解する

　モデルクラスに検証ルール用のメソッドを定義し、**validate メソッド**を使用して定義したメソッドを検証ルールとして登録する方法があります。

　ここでは、Diaryモデルにタイトルと本文が適切な検証ルールに則っているかを判断する、proper_title_and_bodyメソッドを定義して、検証ルールとして登録します。この場合は次のようなプログラムとなります。

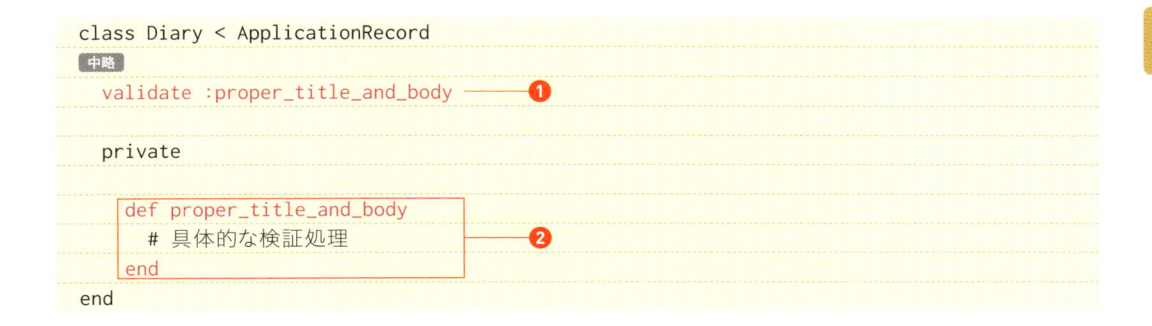

```
class Diary < ApplicationRecord
中略
    validate :proper_title_and_body                    ❶

    private

        def proper_title_and_body
            #  具体的な検証処理                          ❷
        end
end
```

　❶のvalidateメソッドで独自の検証ルール用のメソッドを定義しています。

　❷のproper_title_and_bodyメソッドが独自の検証ルール用のメソッドの定義箇所です。❷のメソッドに具体的な検証処理を記述していきます。

　検証ルール用のメソッドでは、検証エラーと判断した場合、errorsオブジェクトのaddメソッドを用いてエラーメッセージを追加します。

> ▶ **validate** メソッド

> **書式** **validate 検証ルール用メソッド名のシンボル**
>
> --
>
> **概要** 指定したメソッドを独自の検証ルールとして登録します。

> ▶ **errors** オブジェクトの **add** メソッド

> **書式** **errors.add(カラム名のシンボル, エラーメッセージ)**
>
> --
>
> **概要** 指定したカラムに検証エラー時のエラーメッセージを追加します。

◎ タイトルの先頭と本文の末尾が決まった文字であることを検証するルールを実装する

◎ Diary モデルに独自の検証ルールを追加

　タイトルの先頭が「今日」で始まり、本文の末尾が句点（。）で終わることを検証する処理を、モデルクラス内のメソッドで実装します。

　次のように Diary モデルに実装を追加します。

リスト 8-7 app/models/diary.rb

```
001:  class Diary < ApplicationRecord
002:    validates :title, presence: true, length: { maximum: 255 }
003:    validates :body, presence: true, length: { maximum: 10_000 }
004:    validate :proper_title_and_body
005:
006:    private
007:
008:    def proper_title_and_body
009:      unless title.starts_with?('今日')
010:        errors.add(:title, 'は「今日」から始めてください。')
011:      end
012:      unless body.ends_with?('。')
013:        errors.add(:body, 'は句点（。）で終了してください。')
014:      end
015:    end
016:  end
```

8

検証機能の実装

❶のunless文でtitleが今日から始まるかどうかをチェックしています。starts_with?メソッドは、引数に指定した文字列から始まるか確認します。

❷のerrors.addでtitleにエラーメッセージを登録しています。

同様に、❸のunless文でbodyが句点で終わるかどうかをチェックしています。ends_with?メソッドは、引数に指定した文字列で終わるか確認します。

❹でbodyにエラーメッセージを登録しています。

◉ 追加した検証ルールの動作確認

追加した検証ルールが正常に動作することを確認します。

Pumaサーバーを起動し、新規登録画面(/diaries/new)にアクセスし、タイトル／本文に「テスト」と入力し [Create Diary] ボタンをクリックします。

次のように「Title は「今日」から始めてください。」「Body は句点（。）で終了してください。」というエラーメッセージが表示されます。

図 8-6 ▶ **追加した検証ルールのエラーメッセージ**

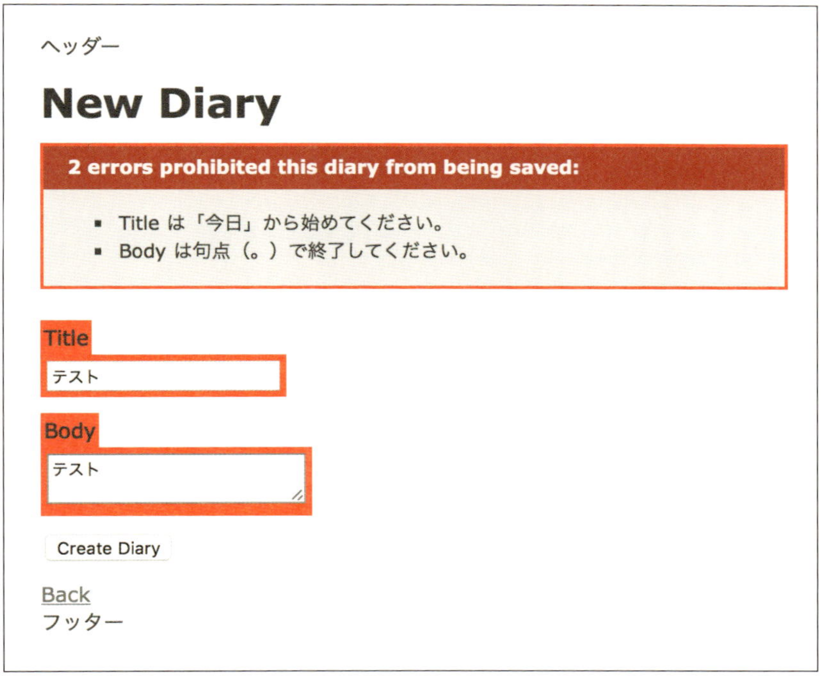

ヘッダー

New Diary

2 errors prohibited this diary from being saved:

- Title は「今日」から始めてください。
- Body は句点（。）で終了してください。

Title

テスト

Body

テスト

Create Diary

Back
フッター

8

検証機能の実装

次にタイトルに「今日は火星の衛星フォボス発見の日」、本文に「1877年8月18日、アサフ・ホールが火星の衛星フォボスを発見。」と入力し、［Create Diary］ボタンをクリックします。

　日記データの登録が完了し、「Diary was successfully created.」というメッセージとともに表示画面が表示されます。

図 8-7 ▶ 検証ルールを通過する日記データの登録

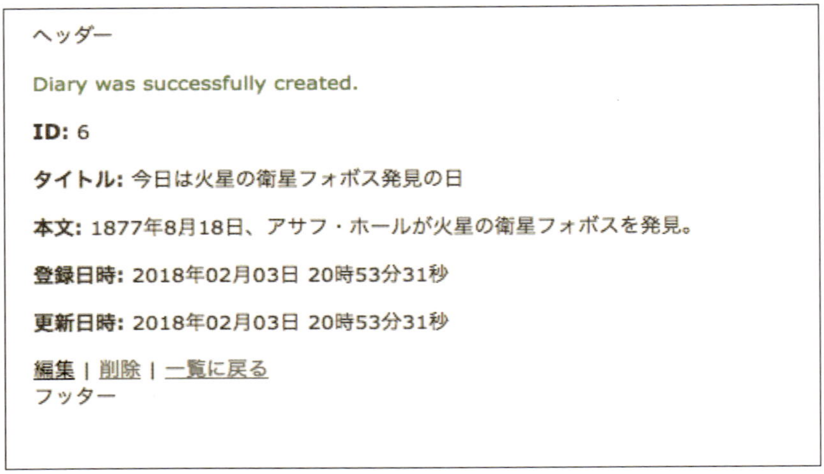

```
ヘッダー

Diary was successfully created.

ID: 6

タイトル: 今日は火星の衛星フォボス発見の日

本文: 1877年8月18日、アサフ・ホールが火星の衛星フォボスを発見。

登録日時: 2018年02月03日 20時53分31秒

更新日時: 2018年02月03日 20時53分31秒

編集 | 削除 | 一覧に戻る
フッター
```

　以上、本CHAPTERでは、日記アプリに簡単な検証ルールを追加して動作を確認しながら、検証ルールについての理解を深めました。更に、検証エラーが発生した場合の動作を確認すると共に、Scaffold用のスタイルシートを組み込みました。最後に、独自の検証ルールを日記アプリに追加して動作を確認しました。

COLUMN	本章で紹介した検証ルール動作確認用のサンプルアプリ

　CHAPTER 8のSECTION 01で触れた様々な検証ルールについて、それぞれの検証ルールの動作を確認できるようにしたサンプルアプリを、日記アプリとは別で用意しています。動作を確認してみたい方は、次のURLよりサンプルアプリをダウンロードしてください。

http://www.wings.msn.to/index.php/-/A-03/978-4-7741-9618-3/

　ダウンロードしたファイルを任意のフォルダで解凍／展開した後、validation_sampleフォルダをVS Codeで開きます（手順詳細は4ページの「サンプルプログラムの利用方法」参照）。
　VS Code上で統合ターミナルを開き、rails s コマンドでPumaサーバーを起動します。
　「http://localhost:3000/users/new」にアクセスし、［Create User］ボタンをクリックすると、app/models/user.rbに記述された検証ルールが動作することが確認できます。

ヘッダー

New User

5 errors prohibited this user from being saved:

- Name can't be blank
- Age is not a number
- Height is not a number
- Mobile is invalid
- Email can't be blank

Name

Nickname

Age

Height

Mobile

Email

　Create User

Back
フッター

本書で紹介したビューヘルパー（**CHAPTER 7**の**SECTION 01**参照）は、Scaffoldで使う必要最小限のものです。より実践的なwebアプリでは、ラジオボタン／チェックボックス／セレクトボックスなどを使用することもあります。

ここでは、本書で紹介しきれなかったビューヘルパーを列挙しておきます。詳細な使い方などは公式のドキュメントなどを参照してください。

パーツ種別	ビューヘルパー	書式
ラジオボタン	radio_button	`<%= form.radio_button フィールド名 , 値 , オプション %>`
チェックボックス	check_box	`<%= form.check_box フィールド名 , 値 , オプション %>`
セレクトボックス	select	`<%= form.select フィールド名 , 値 , オプション %>`

◉ さいごに

ここまでで、Railsの基本的な仕組みや機能を確認し、webアプリを開発するために必要な最低限の周辺知識も踏まえて解説しました。これから、より実践的なRailsでのwebアプリ開発を行っていくには、もう少し基本的な仕組みについて確認していく必要があります。

いずれにしても、まずは本書の内容をしっかり理解することで、Railsチュートリアルなどの次のフェーズでも、スムーズに進めていくことができるようになるはずです。

8

検証機能の実装

APPENDIX

Ruby on Railsへの
理解を更に深める

本書の後の
Ruby on Rails の学習方法

本書を一通り学んだ後、更に Ruby on Rails を学習して理解を深めたいと思う方のために、どのような学習方法があるかを紹介します。

◎ 学習方法の種類

　本書をここまで読み進められた方のほとんどが、独力で学習されてきたのではないでしょうか。そもそも学習方法は大きく次の 2 つに分類できます。

- 独力で学習する
- 他者に教えを請う

　中でも、独力で学習する方法に絞って、ここでは次の 3 つをご紹介します。

❶ 動画コンテンツを参照する

　最近では、様々なサイトで Rails 学習用の動画が無償または有償で提供されています。ここでは無償・有償で提供されているサイトを紹介します。

- 無償サイト
  - ドットインストール (https://dotinstall.com/)
  - Schoo (https://schoo.jp/)
- 有償サイト
  - Udemy (https://www.udemy.com/jp/)
  - Progate (https://prog-8.com/) ※一部無償

　ドットインストールは、Rails だけでなくプログラミング学習における定番のサイトで、学習の進捗管理ができるのが特徴です。Schoo (スクー) は、無料のオンライン授業の動画を提供しているサイトで、Rails 学習用の授業も複数あります。

　Udemy（ユーデミー）は、アメリカ発のオンライン授業の動画を有償で提供しているサイトで、日本語の動画だけでなく英語の動画も豊富にあります。一連の動画が買い切りなのが特徴の1つです。Progate（プロゲート）はプログラミング学習サイトで、基礎的なレッスンは無償で受講可能です。月額課金の有償版なら、全てのレッスンが受講できます。

❷ **公式サイトの情報を参照する**

　「Rails」をwebサイトで検索すると上位に出てくるので、ここまで読み進めた方は既にご存知かと思いますが、定番サイトということで紹介しておきます。

- **Ruby on Rails チュートリアル**（**https://railstutorial.jp/**）
- **Ruby on Rails ガイド**（**https://railsguides.jp/**）

Railsチュートリアルは、動作確認を自動でテストするためのプログラムを書いていくなど、始めから本格的にプログラミングする人向けの学習手順で構成されています。このあたりがプログラミング初心者の方には少しとっつきにくいかもしれません。自動テストの辺りはあえて飛ばして、目次から必要に応じた部分に目を通していくと良いでしょう。

　Rails ガイドは、Railsの機能が事細かに丁寧に紹介されています。「高度なトピック」以外のメニューについて少しずつ読み進めていくとRailsへの理解が深まります。

❸ **更に書籍にあたる**

　本格的なwebアプリをRailsで開発したい場合は、RubyやRailsに関する知識の幅をもっと網羅的に広げる必要があります。その観点で学習に適した書籍を紹介します。

- 「**たのしいRuby 第5版**」（**SBクリエイティブ**）
- 「**改訂2版 パーフェクトRuby**」（**技術評論社**）
- 「**Ruby on Rails5 アプリケーションプログラミング**」（**技術評論社**）
- 「**パーフェクトRuby on Rails**」（**技術評論社**）

　いずれの書籍も網羅性が高いので、最初から全てを読み進めようとすると途中で挫折してしまうかもしれません。目次を参照し、必要に応じて足りない知識を補完するように読み進めていくと良いでしょう。

Ruby on Rails への理解を更に深める

◉ 学習にあたっての注意点

Rails学習にかかわらず、何かの学習を継続するためには必要なことが2つあります。

❶ 習熟度に応じた学習方法

既に紹介した学習方法は、簡単なものもあれば難しいものも含まれています。特に網羅性の高い学習コンテンツは、全てを順に理解しようとすると途中でつまづきやすく、その分挫折もしやすいといえます。Railsは歴史があり機能も豊富です。学習の初期段階から全部を理解しようとせず、わからないところがあっても一旦は放置する勇気も必要です。

まず作れそうなものを明確にして、必要に応じて足りない知識を補完するために学習コンテンツにあたるようにしましょう。その上で、少しずつできることが増えていったら、網羅性の高い学習コンテンツを読み進めて断片的な知識を体系化するようにします。

この学習のサイクルを繰り返すことで、以前はわからなかったことを再度見直すと「そういうことか！」と理解が深まるようになるでしょう。

❷ モチベーションの持続

Railsを学習しようと思い立つ理由は人によって様々でしょう。エンジニアとして職を得たい場合もあれば、自分が思い描くwebアプリを作りたい場合もあります。いずれにしてもそのモチベーションは本質的には内発的なものであり、外から与えられるものではありません。

Rails学習に挫折しそうになった時、「何のために学習を始めたのか？」という原点に立ち返って冷静に自己分析できるように、学習を継続するあたり、まずはその目的を明確にしておきましょう。

ActiveSupport とは

Rails には、プログラミング言語 Ruby の機能を拡張する ActiveSupport が備わっています。こ
こでは、純粋な Ruby の言語仕様なのか、ActiveSupport が提供する機能なのか、初心者の方
がつまづきやすいポイントを中心に ActiveSupport について解説します。

◉ ActiveSupport の概要

ActiveSupport は、Rails を使って開発する上で便利なメソッドなどをまとめたライブラリです。
ActiveSupport 自体、Ruby で開発されており、RubyGems（CHAPTER 1 の SECTION 02 参照）として提
供されています。Rails をインストールすると、自動的に ActiveSupport の機能が使えるようになって
います。

ActiveSupport の機能は豊富にありますのでここで全てを紹介することはできませんが、これまで
使ってきたメソッドのうち、ActiveSupport が提供しているものを中心に紹介します。

◉ present? ／ blank? メソッド

CHAPTER 3 の SECTION 01「ERB の記述ルール」の実行例で紹介している **present?** というメソッドが
あります（57 ページ参照）。これは実は純粋な Ruby のメソッドではなく、ActiveSupport が提供するメ
ソッドです。

present? メソッドは、英語で「存在する」という意味のとおり、オブジェクトの値が存在するかどう
かを真偽値で返します。

▶ present? メソッド

書式	**オブジェクト.present?**

概要	オブジェクトの値が存在する場合 true を返し、存在しない場合 false を返します。

なお、オブジェクトの種類（クラス）によって「値が存在する」の定義が違います。

数値の0（ゼロ）は値が存在するとみなされることに注意が必要です。

余裕がある方は、rails c コマンドでrails コンソールを立ち上げて0.present? を実行してみてください。また、純粋なRubyのirbコンソール上でコード例を実行してみるとpresent? メソッドが存在しないNoMethodErrorが発生することも確認してください。

同様に、present? メソッドの反対で**blank? メソッド**があります。

▶ blank? メソッド

> **書式** **オブジェクト.blank?**
>
> ----
>
> **概要**　オブジェクトの値が存在しない場合true を返し、存在する場合false を返します。

blank? メソッドは、オブジェクトの値がnil または空だった場合に「値が存在しない」とみなします。純粋なRubyのメソッドには**nil? メソッド**と**empty? メソッド**がありますが、この2つをあわせたものがblank? メソッドです。

◉ starts_with? ／ ends_with? メソッド

CHAPTER 8 のSECTION 01 で紹介した**starts_with? メソッド**と**ends_with? メソッド**も、実はActive Supportのメソッドです。実は純粋なRubyには似たようなメソッドとして、**start_with?** と **end_with?** があります。

まるで間違い探しのようですが、英語でいう三人称単数形の「s」の有無の違いがあります。実際の動作は純粋なRubyでもActiveSupportでも違いはないのですが、プログラミング言語Rubyとweb アプリケーションフレームワークRailsの開発コミュニティの違いによってこのような微妙な違いが生まれているところも興味深い点です。

SECTION 03

ActiveRecordの簡易リファレンス

Railsが提供するActiveRecordの機能のうち、本書で紹介したものはかなり限定的なものに留まっています。ここでは、本編で紹介しきれなかったモデルレコードの検索に関するものを中心に紹介します。

◎ find_byメソッド

CHAPTER 5のSECTION 05で紹介したfindメソッドは、引数にモデルに対応するレコードのIDを指定して使います。レコードを検索する際に、IDではなく別のカラムを指定したい場合は、**find_byメソッド**を使います。

▶ find_byメソッド

書式	**モデルクラス.find_by（カラム1：値1, カラム2：値2...）**

概要	モデルクラスのカラムが値に一致するレコードを取得して返します。条件は複数記述できます。

パラメータ	カラム　モデルクラスに対応するテーブルのカラム名をシンボルで記述 値　　　検索したいカラムの値を指定

たとえば、本書の日記アプリを例にあげると、「タイトル名が『今日の天気』に一致する日記データを取得する」場合、次のように記述するとデータを取得できます。

```
irb(main):001:0> Diary.find_by(title: '今日の天気')
  Diary Load (0.2ms)  SELECT  "diaries".* FROM "diaries" WHERE "diaries"."title" = ?
  LIMIT ?  [["title", "今日の天気"], ["LIMIT", 1]]
=> #<Diary id: 2, title: "今日の天気", body: "今日は雨が降った後、虹が出ていて綺麗だった。",
created_at: "2017-10-11 06:37:19", updated_at: "2017-10-11 06:37:19">
```

⊚ where メソッド

　find、find_by メソッドは、基本的に ID を指定して 1 つのレコードを検索する用途で用いられるメソッドですが、ActiveRecord には特定の条件に一致する複数のレコードを検索するメソッドも備わっています。それが **where メソッド** です。where メソッドは SQL の select 文で指定する where に似ています。where メソッドを使うと、select 文で指定する where の後に続く条件式を Ruby のコードで表現できます。

▶ where メソッド

書式	**モデルクラス.where（カラム1：値1, カラム2：値2...）**
概要	モデルクラスのカラムが値に一致するレコードを全て取得して返します。条件は複数記述できます。条件を複数記述した場合、select 文の where 条件式は AND 条件になります。
パラメータ	カラム　モデルクラスに対応するテーブルのカラム名をシンボルで記述 値　　　検索したいカラムの値を指定

　たとえば、「タイトル名が『今日の天気』に一致する日記データを全て取得する」場合、次のように記述するとデータを取得できます。

```
irb(main):001:0> Diary.where(title: '今日の天気')
  Diary Load (0.1ms)  SELECT  "diaries".* FROM "diaries" WHERE "diaries"."title" = ?
  LIMIT ?  [["title", "今日の天気"], ["LIMIT", 11]]
=> #<ActiveRecord::Relation [#<Diary id: 2, title: "今日の天気", body:
"今日は雨が降った後、虹が出ていて綺麗だった。", created_at: "2017-10-11 06:37:19",
updated_at: "2017-10-11 06:37:19">]>
```

　実行結果が ActiveRecord::Relation というクラスになっていることに注目してください。この実行結果の場合、一致するレコードが 1 つしかありませんが、実行結果は配列のような形式となっています。

　余裕がある方は、title が「今日の天気」であるレコードを新たに追加して再度実行して複数レコードが取得できていることを確認してみてください。

　なお、where メソッドは次のように条件を繋げて記述することもできます。

```
irb(main):001:0> Diary.where(id: 2).where(title: '今日の天気')
  Diary Load (0.2ms)  SELECT  "diaries".* FROM "diaries" WHERE "diaries"."id" = ? AND
  "diaries"."title" = ? LIMIT ?  [["id", 2], ["title", "今日の天気"], ["LIMIT", 11]]
=> #<ActiveRecord::Relation [#<Diary id: 2, title: "今日の天気", body:
"今日は雨が降った後、虹が出ていて綺麗だった。", created_at: "2017-10-11 06:37:19",
updated_at: "2017-10-11 06:37:19">]>
```

このようにwhereメソッドを繋げて検索条件を柔軟に変更できるのもActiveRecordの特徴の1つです。

◉ scope メソッド

ActiveRecordを使って検索条件を記述していくと、Rails アプリ内で頻繁に使う検索条件が出てきます。単純な条件なら、その都度記述しても良いのですが、長い条件だと何度も記述するのは面倒です。

そこでActiveRecordが提供する **scope メソッド** を使用すると、検索条件をまとめて名前付けすることができます。

▶ scope メソッド

書式	**scope 検索条件の名前, -> { 検索条件 }**
概要	モデルクラス内で「検索条件の名前」を定義することができます。定義した検索条件はコントローラーから呼び出すことができます。

たとえば、「過去1週間以内に作成された日記データを全て検索する」場合、次のようなscopeをDiary モデルクラスに記述します。

```
class Diary < ApplicationRecord
  中略
  scope :newest, -> { where(created_at: 1.week.ago..Time.now) }
  中略
end
```

このようにscopeメソッドを使用すると、ActiveRecordがDiary モデルクラスにnewestメソッドを定義して、クラスメソッドとして使用することができます。

```
Diary.newest
```

［著者］
WINGSプロジェクト
竹馬 力（ちくば つとむ）
1978年福岡県生まれ。東京工業大学理学部卒。㈱ベンチャー・リンクを経てフリーランスエンジニアを7年経験。
その後、ビルコム㈱にて新規事業の開発マネージャーを経て2013年㈱リブセンスに入社。
Ruby on Railsによる不動産サイト「IESHIL（イエシル）」立ち上げを経て、現在、開発チームリーダー。

［監修］
山田 祥寛（やまだ よしひろ）
静岡県榛原町生まれ。一橋大学経済学部卒業後、NECにてシステム企画業務に携わるが、2003年4月に念願かなってフリーライターに転身。Microsoft MVP for Visual Studio and Development Technologies。
執筆コミュニティ「WINGSプロジェクト」の代表でもある。

主な著書
「［改訂新版］JavaScript本格入門」
「Ruby on Rails 5アプリケーションプログラミング」
「Angularアプリケーションプログラミング」（以上、技術評論社）など

● カバーデザイン
　菊池 祐（ライラック）
● 本文デザイン
　ライラック
● DTP
　技術評論社　制作業務部
● 編集
　伊藤 鮎
● 技術評論社ホームページ
　http://book.gihyo.jp

たった1日で基本が身に付く！
Ruby on Rails 超入門

2018年 3月22日　　初版　第1刷発行

著者　　　WINGSプロジェクト　竹馬 力
監修　　　山田祥寛
発行者　　片岡　巖
発行所　　株式会社技術評論社
　　　　　東京都新宿区市谷左内町21-13
　　　　　電話　03-3513-6150　販売促進部
　　　　　　　　03-3513-6160　書籍編集部
印刷／製本　図書印刷株式会社

■ お問い合わせについて
本書の内容に関するご質問は、下記の宛先までFAXまたは書面にてお送りください。なお電話によるご質問、および本書に記載されている内容以外の事柄に関するご質問にはお答えできかねます。あらかじめご了承ください。

〒162-0846
東京都新宿区市谷左内町21-13
株式会社技術評論社　書籍編集部
「たった1日で基本が身に付く！
　Ruby on Rails 超入門」質問係
FAX番号　03-3513-6167

なお、ご質問の際に記載いただいた個人情報は、ご質問の返答以外の目的には使用いたしません。また、ご質問の返答後は速やかに破棄させていただきます。